"十二五"职业教育国家规划教材

经全国职业教育教材审定委员会审定

网站建设与管理专业

# 网络信息安全

Wangluo Xinxi Anquan

主　编　刘　恒

副主编　徐　啸　王举俊

质检

高等教育出版社·北京

内容提要

本书是"十二五"职业教育国家规划教材,依据教育部《中等职业学校网站建设与管理专业教学标准》,并参照我国信息安全技术的相关标准编写,也是经人力资源和社会保障部职业技能鉴定中心认定的职业院校"双证书"教材。

本书从网络信息安全的基本理论和技术出发,循序渐进地介绍网络信息安全与维护的相关知识和技能,全书采用项目和任务式的体例编写,每个项目包括"理论认知篇"和"项目实践篇"两个部分,"理论认知篇"简要介绍该项目相关必备知识,"项目实践篇"精选若干个典型任务,图文并茂地讲解任务的实现过程。全书共有 12 个项目,内容涉及网络安全简介、加密技术、病毒防杀、木马防杀、端口扫描技术、Windows Server 2008 的安全配置、组策略的应用、防火墙技术、数据库安全、无线网络安全、电子商务安全、手机网络安全等。

本书从实际入手,紧紧围绕实际应用精选项目中的典型任务,有很强的针对性。

本书配套网络教学资源,通过封底所附学习卡,登录网站 http://abook.hep.com.cn/sve,可获取相关教学资源,详见书末"郑重声明"页。

本书可以作为中等职业学校网站建设与管理专业及相关专业"网络信息安全"课程的教材,同时也适合对网络安全感兴趣的读者参考使用。

**图书在版编目(CIP)数据**

网络信息安全 / 刘恒主编. --北京:高等教育出版社,2022.1(2023.2 重印)
网站建设与管理专业
ISBN 978-7-04-057537-8

Ⅰ.①网… Ⅱ.①刘… Ⅲ.①计算机网络-安全技术-中等专业学校-教材 Ⅳ.①TP393.08

中国版本图书馆 CIP 数据核字(2021)第 262019 号

| | | | | | | | | |
|---|---|---|---|---|---|---|---|---|
| 策划编辑 | 郭福生 | | 责任编辑 | 郭福生 | 封面设计 | 张雨微 | 版式设计 | 徐艳妮 |
| 责任校对 | 胡美萍 | | 责任印制 | 赵 振 | | | | |

| | | | | |
|---|---|---|---|---|
| 出版发行 | 高等教育出版社 | 网 址 | http://www.hep.edu.cn | |
| 社 址 | 北京市西城区德外大街 4 号 | | http://www.hep.com.cn | |
| 邮政编码 | 100120 | 网上订购 | http://www.hepmall.com.cn | |
| 印 刷 | 天津嘉恒印务有限公司 | | http://www.hepmall.com | |
| 开 本 | 889mm×1194mm 1/16 | | http://www.hepmall.cn | |
| 印 张 | 14.25 | | | |
| 字 数 | 280 千字 | 版 次 | 2022 年 1 月第 1 版 | |
| 购书热线 | 010-58581118 | 印 次 | 2023 年 2 月第 2 次印刷 | |
| 咨询电话 | 400-810-0598 | 定 价 | 29.80 元 | |

# 前　言

本书是"十二五"职业教育国家规划教材，依据教育部《中等职业学校网站建设与管理专业教学标准》，并参照我国信息安全技术的相关标准编写，也是经人力资源和社会保障部职业技能鉴定中心认定的职业院校"双证书"教材。

随着社会信息化程度的不断提高，网络日益成为各行各业快速发展的必要手段和工具，网络信息安全显得越来越重要，维护网络的安全也就是保护网络传输的信息安全。了解网络信息安全的相关知识，理解网络信息安全规范及构成信息安全威胁的原理与防御机制，掌握病毒防范、安全漏洞修复、数据保护、攻击防御、安全策略编制等相关技能很有必要。

本书以 12 个项目贯穿全篇，每个项目包括"理论认知篇"和"项目实践篇"两个部分。每个项目包括若干个任务，每个任务包括"任务分析"和"任务实施"，并以图文并茂的形式对任务实施操作进行分解展示。本书内容丰富、结构清晰，实例的选择紧贴实际应用，具有很强的实用性和针对性，读者学完每一个项目，也就掌握了相关的知识和技巧。

项目 1 介绍我国网络安全现状及相关法律法规，并通过访问国家互联网应急中心网站了解网络安全态势。

项目 2 讲述常见密码加密技术，并具体介绍 MD5 加密和破解、常用办公文档的加密与解密、压缩文件的加密与解密、EFS 加密与解密的方法，通过对重要文件的加密来达到保护信息安全的作用。

项目 3 讲述病毒的概念和分类，并具体介绍 360 杀毒、瑞星杀毒、金山毒霸等常用的三款病毒防杀软件的使用，从而达到对病毒的防杀作用。

项目 4 讲述木马的概念及其特点，用户要充分认识木马的危害，并要定期借助金山卫士、360 安全卫士等计算机安全助手修复系统漏洞，对木马进行查杀。

项目 5 讲述端口及其相关技术，并通过介绍常见扫描软件的使用、查看端口状态、关闭闲置和危险的端口来保护系统安全。

项目 6 讲述 Windows Server 2008 相关知识，并具体介绍在 Windows Server 2008 中如何管理用户账号、设置文件和目录的权限及如何保护日志文件。

项目 7 讲述组策略知识，并具体介绍如何访问组策略、组策略的基本设置技巧和组策略高级设置技巧。

项目 8 讲述防火墙相关知识，并具体介绍瑞星个人防火墙的使用、Windows Server 2008 防火墙的使用和 ISA Server 2004 的使用。

项目 9 讲述数据库的安全及威胁，并具体介绍 Access 数据库的安全配置、SQL Server 数据库备份技术。

项目 10 讲述无线网络安全技术和防范措施，并具体介绍 SSID 的配置、WEP 加密应用。

项目 11 讲述电子商务安全相关知识，并具体介绍支付宝账户的安全设置、网银 USBKey 使用与配置。

项目 12 讲述手机的安全隐患与防范相关知识，并具体介绍 360 手机卫士配置、ROOT 权限获取配置操作。

使用本书进行教学时，建议安排 32 学时，如下表所示。

| 项 目 | 内 容 | 学 时 |
|---|---|---|
| 项目 1 | 网络安全简介 | 1 |
| 项目 2 | 加密技术 | 4 |
| 项目 3 | 病毒防杀 | 3 |
| 项目 4 | 木马防杀 | 2 |
| 项目 5 | 端口扫描技术 | 2 |
| 项目 6 | Windows Server 2008 的安全配置 | 4 |
| 项目 7 | 组策略的应用 | 4 |
| 项目 8 | 防火墙技术 | 4 |
| 项目 9 | 数据库安全 | 2 |
| 项目 10 | 无线网络安全 | 2 |
| 项目 11 | 电子商务安全 | 2 |
| 项目 12 | 手机网络安全 | 2 |
| 合 计 | | 32 |

本书同时配套学习卡资源，按照本书最后一页"郑重声明"下方的学习卡使用说明，登录 http://abook.hep.com.cn/sve，上网学习，下载资源。

本书由刘恒担任主编，徐啸、王举俊担任副主编。项目 1~4 由刘恒编写，项目 5~8 由徐啸编写，项目9~12由王举俊编写。爱立信公司CCIE思科认证互联网专家参与了全书的案例选择和结构设计工作，并对本书提出了很多宝贵意见和建议。本书作者来自教学一线，有多年的教学经验，并具有丰富的网络维护经验。

需要特别说明的是，本书引用的一些知识和概念纯属用于教学目的，也借此机会向有关公司和个人致以谢忱。

最后感谢您选择本书，希望本书能够对提高您的网络安全维护水平有所帮助，由于编者水平有限，书中难免有错误或疏漏之处，敬请有关专家和读者批评指正。

读者意见反馈邮箱：zz_dzyj@hep.com.cn。

编　者

2021年8月

# 目　录

Ⅲ

# 项目 1　网络安全简介

　　随着网络技术的不断发展，网络已经深入各行各业及千家万户。智慧城市、智能公交、手机快捷支付无一不依赖网络，网络给人带来的便捷不容置疑，网络正在改变着我们每个人的生活方式，但网络也不是完美无缺的，它在给人们带来惊喜的同时也给人带来了威胁。计算机病毒、黑客攻击、后门程序等严重影响网络的安全，网络安全正日益引起大家的高度重视，了解和学习相关的网络安全知识很有必要。

# 理论认知篇    网络安全的定义及特征与威胁的分类

 **知识目标**

- 了解网络安全的定义与特征
- 了解网络安全威胁的分类

**2**

## 1. 网络安全的定义和特征

（1）网络安全的定义

网络安全是一门综合性学科，涉及计算机科学、网络技术、通信技术、密码技术、信息安全技术、应用数学、数论、信息论等多个学科。网络安全研究的领域很广，涉及网络上信息的保密性、完整性、可用性、真实性和可控性。

具体地说，网络安全是指网络系统的硬件、软件及其系统中的数据受到保护，不因偶然的或者恶意的原因而遭受到破坏、更改、泄露，系统连续、可靠、正常地运行，网络服务不中断。

（2）网络安全的特征

网络安全一般具有以下 5 个特征。

- 保密性：信息不泄露给非授权用户。
- 完整性：数据未经授权不能进行改变的特性。
- 可用性：可被授权实体访问并按需求使用的特性。
- 可控性：对信息的传播及内容具有控制能力。
- 可审查性：出现安全问题时提供审查的依据与手段。

## 2. 网络安全面临的威胁

网络在推动社会发展的同时，也面临着很多方面的威胁。大致可以分为物理安全、网络结构安全、系统安全、信息安全、应用安全、管理安全、其他安全等几个方面。

（1）物理安全

物理安全主要指信息系统实体的安全，主要包括环境安全、设备安全。环境安全是网络安全的前提和保障。网络设备需要良好的工作环境，一般要放在单独的机房里，对场地、温度、湿度、洁净度都有要求，国家也有相应的标准。设备安全包括防盗、防火、防静电、防雷、防电磁泄漏等。

（2）网络结构安全

网络拓扑结构和路由也会影响到网络系统的安全性。内部网络在访问外部网络资源时，就存在不安全的因素。合理地规划网络的拓扑结构，科学地设置路由与交换，可以提高网络的安全性。

（3）系统安全

系统安全包括硬件平台和操作系统的运行是否安全。选用性能稳定的机器是系统安全的基础。不同的操作系统安全性能也不一样，要选择安全性高的操作系统，针对操作系统的漏洞要及时更新。

（4）信息安全

信息安全包括信息存储安全、信息传输安全和信息访问安全。

（5）应用安全

应用安全主要涉及身份鉴别、访问授权、机密性、完整性、不可否认性、可用性。

（6）管理安全

健全的安全管理制度是保障网络安全的重要方面，只有严格的安全管理制度和科学的技术防范，才能保证网络系统的正常运行。

（7）其他安全

除了以上各方面的安全之外，网络还经常受到计算机病毒、黑客攻击、误操作等风险的威胁。牢固树立安全防范意识，是抵御各种威胁的关键。

# 项目实践篇　了解我国网络安全现状及相关法律法规

**技能目标**

- 了解我国网络安全现状
- 了解我国网络安全相关的法律法规

## 任务 1.1　了解我国网络安全的现状

▷▷ **任务分析：**

通过浏览国家互联网应急中心网站，可查看有关我国网络安全的资料，了解我国网络安全的现状。

▷▷ **任务实施：**

① 打开浏览器，在地址栏中输入"http://www.cert.org.cn"，打开国家互联网应急中心

网站，如图 1-1 所示。

　　② 如图 1-2 所示，选择"态势报告"→"安全报告"选项，打开安全报告页面，如图 1-3 所示。

　　③ 单击最近一期安全报告，如图 1-4 所示，下载最新的"网络安全信息与动态周报"。

　　④ 双击打开下载的安全报告，如图 1-5 所示，了解最新网络安全基本态势。

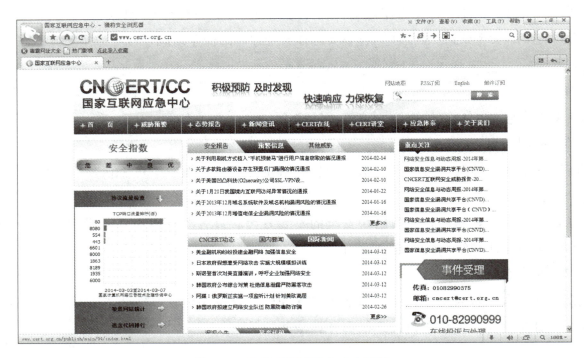

图 1-1　国家互联网应急中心网站

图 1-2　选择"安全报告"选项

图 1-3 安全报告页面

图 1-4 下载最新的安全报告

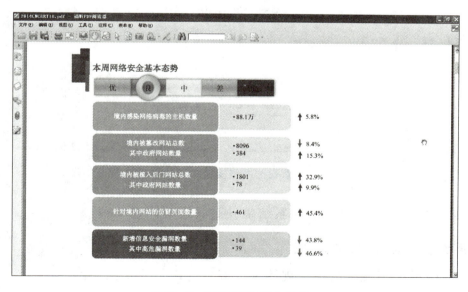

图 1-5 网络安全基本态势

　　由图 1-5 可以看出，虽然新增信息安全漏洞数量下降了 43.8%，高危漏洞数量下降了 46.6%，但是被植入后门的网站总数却上升了 32.9%，仿冒页面数量上升了 45.4%。说明大众对病毒的防范意识在加强，而非法分子的手段与方法却更加隐蔽和猖狂，安全形势不容乐观。因此，学习网路安全知识，防范计算机病毒攻击与网络安全的威胁很有必要。

## 任务 1.2　了解我国网络安全相关的法律法规

▷▷任务分析：

　　网络安全不仅是一个技术问题，也是一个社会问题和法律问题。要解决信息网络的安全问题，必须采取技术和立法等多种手段进行综合治理。了解国家相关的法律法规，便于我们更好地使用网络。本任务主要是借助搜索引擎搜索我国网络安全相关的法律法规。

▷▷任务实施：

### 1. 搜索网络安全相关的法律法规

　　① 打开浏览器，在地址栏中输入"www.baidu.com"，打开百度搜索引擎，如图 1-6 所示；输入"我国网络安全相关的法律法规有哪些"，单击"百度一下"按钮。

图 1-6　搜索我国网络安全相关的法律法规

　　② 如图 1-7 所示，百度显示了搜索结果，对其进行归纳整理。

### 2. 了解网络安全相关的法律法规

我国现行的网络信息安全法律法规体系框架分为以下 4 个层面。

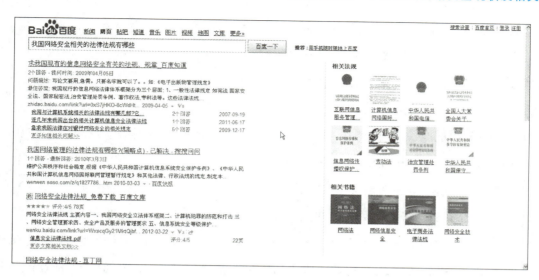

图 1-7　百度搜索的结果

（1）一般性法律规定

如《宪法》《国家安全法》《国家秘密法》《治安管理处罚条例》《著作权法》及《专利法》等。这些法律法规并没有专门对网络行为进行规定，但是，它所规范和约束的对象中包括了危害信息网络安全的行为。

（2）规范和惩罚网络犯罪的法律

这类法律包括《中华人民共和国刑法》与《全国人大常委会关于维护互联网安全的决定》等。

（3）直接针对计算机信息网络安全的特别规定

这类法律法规主要有《中华人民共和国计算机信息系统安全保护条例》《中华人民共和国计算机信息网络国际联网管理暂行规定》《计算机信息网络国际联网安全保护管理办法》及《中华人民共和国计算机软件保护条例》等。

（4）具体规范信息网络安全技术、信息网络安全管理等方面的规定

这类法律法规主要有《商用密码管理条例》《计算机信息系统安全专用产品检测和销售许可证管理办法》《计算机病毒防治管理办法》《计算机信息系统保密管理暂行规定》《计算机信息系统国际联网保密管理规定》《电子出版物管理规定》及《金融机构计算机信息系统安全保护工作暂行规定》等。

重点学习《计算机病毒防治管理办法》的以下内容：

第二条　本办法所称的计算机病毒，是指编制或者在计算机程序中插入的破坏计算机功能或者毁坏数据，影响计算机使用，并能自我复制的一组计算机指令或者程序代码。

第五条　任何单位和个人不得制作计算机病毒。

第六条　任何单位和个人不得有下列传播计算机病毒的行为：

（一）故意输入计算机病毒，危害计算机信息系统安全；

（二）向他人提供含有计算机病毒的文件、软件、媒体；

（三）销售、出租、附赠含有计算机病毒的媒体；

（四）其他传播计算机病毒的行为。

第十一条 计算机信息系统的使用单位在计算机病毒防治工作中应当履行下列职责：

（一）建立本单位的计算机病毒防治管理制度；

（二）采取计算机病毒安全技术防治措施；

（三）对本单位计算机信息系统使用人员进行计算机病毒防治教育和培训；

（四）及时检测、清除计算机信息系统中的计算机病毒，并备有检测、清除的记录；

（五）使用具有计算机信息系统安全专用产品销售许可证的计算机病毒防治产品；

（六）对因计算机病毒引起的计算机信息系统瘫痪、程序和数据严重破坏等重大事故及时向公安机关报告，并保护现场。

 项目小结

我国的法律体系是由以宪法为核心的各种法律所组成的。作为维护网络安全与秩序的信息安全法律法规是不可缺少的法律部分，它在保证信息网络稳步、健康发展，保障整个社会环境的稳定中具有重要作用。同时，国家、地方以及相关部门针对信息安全的需求，也制定了一系列与网络信息安全相关的法律法规。从领域上看，涉及网络与信息系统安全、信息内容安全、信息安全系统与产品、保密及密码管理、计算机病毒与危害性程序防治、金融、证券、教育等特定领域的信息安全和信息安全犯罪制裁等多个方面；从形式上看，有法律、行政法规、部门规章规范、相关的决定、司法解释及相关文件、地方性法规与地方政府规章及相关文件等多个层次。

 作业

1. 阅读网络安全相关的法律法规。
2. 上网搜索查阅我国及国外网络安全的现状。

# 项目 2　加密技术

　　随着计算机网络的高速发展，计算机信息的保密问题显得越来越重要。数据保密变换或密码技术，是对计算机信息进行保护的最实用和最可靠的方法。如果自己的资料中有不愿让人看见的小秘密，或者所编辑的文件涉及组织的机密，往往需要防止别人查看这些资料。这时最好的也是最简单的方法就是对资料进行加密，这样才能够实现对资料的保护。

## 理论认知篇　常见的加密技术

 **知识目标**

- 了解 MD5 加密算法
- 了解 PGP 加密算法
- 了解 RSA 加密算法

### 1. MD5 加密

当前广泛应用的加密方式有两种：单向加密和双向加密。双向加密是加密算法中最常用的一种加密方式。发送者在发送文件前将明文数据按照一定的加密方法加密为密文数据，接收者再按照双方共同约定的解密方法将密文解密为明文，从而达到保护文件内容的目的。双向加密适合于隐秘通信，特别适合发送重要的电子邮件或商业资料。

单向加密不可逆转，只能对数据进行加密，加密后的数据没有办法再解密。将用户密码保存到数据库时往往需要采用单向加密技术。这样，即使这些信息被泄露，也不能立即理解这些信息的真正含义。

MD5 就是采用单向加密的加密算法。对于 MD5 而言，有两个特性是很重要的：一是任意两段不同的明文数据，加密以后的密文不能是相同的；二是任意一段明文数据，经过加密以后，其结果必须永远是不变的。前者的意思是不可能有任意两段明文加密以后得到相同的密文，后者的意思是如果我们加密特定的数据，得到的密文一定是相同的。不可恢复性是 MD5 算法的最大特点。

### 2. PGP 加密

PGP（Pretty Good Privacy）加密系统是采用公开密钥加密与传统密钥加密相结合的一种加密技术。它使用一对数学上相关的密钥，其中一个（公钥）用来加密信息，另一个（私钥）用来解密信息。公钥一般告之对方或放在公共的位置供他人加密使用。对方若需发送文件给某一用户时，需要事先知道该用户的公钥，然后用该用户的公钥对文件进行加密，该用户接收对方发来的加密文件后，再用自己的私钥进行解密就可以打开文件了。PGP 采用的传统加密技术部分所使用的密钥称为"会话密钥"（SEK）。每次使用时，PGP 都随机产生一个 128 位的 IDEA 会话密钥，用来加密报文。公开密钥加密技术中的公钥和私钥则用来加密会话密钥，并通过它间接地保护报文内容。

PGP 把公钥和私钥存放在密钥环（KEYR）文件中。PGP 提供有效的算法，用来查找用户需要的密钥。PGP 在多处需要用到口令，主要用于保护私钥。由于私钥太长且无规律，所以难以记忆。PGP 把它用口令加密后存入密钥环，这样用户可以用易记的口令间接使用私钥。

PGP 的每个私钥都通过一个相应的口令加密。PGP 主要在 3 处需要用户输入口令：在解开受到加密信息时，需要输入口令，取出私钥解密信息；当用户为文件或信息进行数字签名时，需要输入口令，取出私钥加密；对磁盘上的文件进行传统加密时，需要输入口令。

### 3. RSA 加密

RSA 加密采用公开密钥密码体制。所谓的公开密钥密码体制就是使用不同的加密密钥与解密密钥，是一种"由已知加密密钥推导出解密密钥在计算上是不可行的"密码体制。

在公开密钥密码体制中，加密密钥（即公开密钥）PK 是公开信息，而解密密钥（即秘密密钥）SK 是需要保密的。加密算法 E 和解密算法 D 也都是公开的。虽然秘密密钥 SK 是由公开密钥 PK 决定的，但却不能根据 PK 计算出 SK。

正是基于这种理论，1978 年出现了著名的 RSA 算法，它通常是先生成一对 RSA 密钥，其中之一是秘密密钥，由用户保存；另一个为公开密钥，可对外公开，甚至可在网络服务器中注册。为提高保密强度，RSA 密钥至少为 500 位长，一般推荐使用 1 024 位。这就使加密的计算量很大。为减少计算量，在传送信息时，常采用传统加密方法与公开密钥加密方法相结合的方式，即信息采用改进的 DES 或 IDEA 对话密钥加密，然后使用 RSA 密钥加密对话密钥和信息摘要。对方收到信息后，用不同的密钥解密并可核对信息摘要。

RSA 算法是第一个能同时用于加密和数字签名的算法，也易于理解和操作。RSA 是被研究得最广泛的公钥算法，从提出到现今的三十多年里，经历了各种攻击的考验，逐渐为人们接受，普遍认为是目前最优秀的公钥方案之一。

## 项目实践篇　文件的加密与解密

### 技能目标

- 掌握 MD5 加密和破解工具的使用
- 掌握常用办公文档的加密与解密
- 掌握压缩文件的加密与解密
- 掌握 EFS 加密与解密方法

## 任务 2.1　MD5 加密和破解

▷▷任务分析：

本任务是通过常用的 MD5 加密工具 MD5Verify 和破解工具 MD5Crack3 的简单使用，来演示 MD5 加密与解密的方法。

▷▷任务实施：

### 1. MD5 加密

① 从网上搜索并下载 MD5Verify 软件。

② 运行 MD5Verify.exe 可执行文件，弹出如图 2-1 所示窗口。

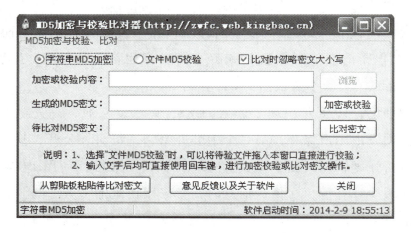

图 2-1　MD5 加密软件窗口

③ 选择"字符串 MD5 加密"单选按钮，在"加密或校验内容"文本框中输入单词"test"，单击"加密或校验"按钮，生成如图 2-2 所示密文"098F6BCD4621D373CADE4E-832627B4F6"。

图 2-2　字符"test"加密后生成了 MD5 密文

### 2. MD5 解密

① 从网上搜索并下载 MD5 破解工具 MD5Crack3。

② 运行 MD5Crack3.exe 可执行文件，弹出如图 2-3 所示的窗口。

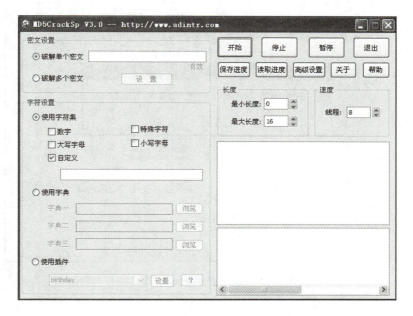

图 2-3　MD5Crack3 软件运行界面

③ 选中"密文设置"组中的"破解单个密文"单选按钮，把图 2-2 中生成的 MD5 密文"098F6BCD4621D373CADE4E832627B4F6"复制到此选项的文本框中；勾选"字符设置"组中的"使用字符集"下的所有复选框，如图 2-4 所示。

图 2-4　输入需要破解的密文

④ 单击"开始"按钮，如图 2-5 所示，加密的密文被破解。

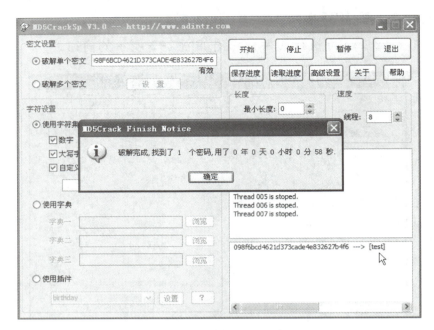

图 2-5　密文破解成功

通过此任务可以明显看出 MD5 加密的强度，但如果用户的密码是非常简单的纯数字、纯字母或是简单的组合，在小于一定位数以下，就会很容易被人破解。如果用户的账号很重要，那么安全问题就非常重要了。个人密码要尽量长一些、组合复杂一些，且经常更换密码，这样就比较安全了。但前提是，自己要记得密码。

## 任务 2.2　常用办公文档的加密与解密

▷▷任务分析：

本任务以微软办公软件 Office 2010 为例，介绍常用办公文档的加密与解密。

▷▷任务实施：

### 1. Word 文档的加密

方法一：

① 打开需要加密的 Word 文档，单击"文件"选项卡，选择"信息"选项，弹出如图 2-6 所示界面。

② 如图 2-7 所示，单击"保护文档"按钮，选择"用密码进行加密"选项。

③ 在弹出的"加密文档"对话框中，输入密码，单击"确定"按钮，如图 2-8 所示。

④ 在弹出的"确认密码"对话框中，输入与刚才相同的密码，单击"确定"按钮，如图 2-9 所示。

图 2-6 "信息"选项

图 2-7 用密码进行加密

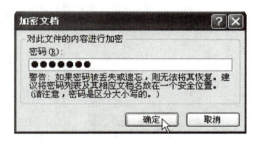

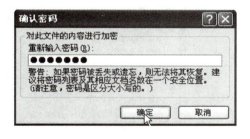

图 2-8 输入密码

图 2-9 确认密码

⑤ 将此文件存盘，再次打开此文件时就需要输入密码了。

方法二：

① 打开需要加密的 Word 文档，单击"文件"选项卡，单击"另存为"按钮，弹出如图 2-10 所示的"另存为"对话框。

② 如图 2-11 所示，单击"工具"按钮，选择"常规选项"，弹出"常规选项"对话框，如图 2-12 所示。

③ 如果想在打开文件时就需要输入密码，请在"打开文件时的密码"文本框中输入打开密码。如果只是想在修改文件时才需要输入密码，请在"修改文件时的密码"文本框中输入修改密码。单击"确定"按钮返回上一级对话框。

④ 单击"保存"按钮即可。下次打开或修改此文件时就需要输入密码。

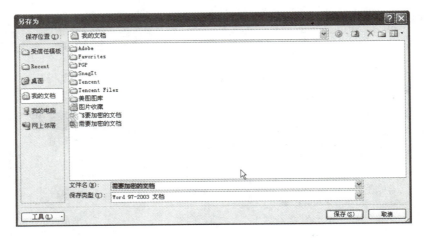

图 2-10　"另存为" 对话框

图 2-11　选择 "常规选项"

图 2-12　"常规选项" 对话框

### 2. Excel 文档的加密

方法一:

① 打开需要加密的 Excel 文档,单击"文件"选项卡,选择"信息"选项,如图 2-13 所示。

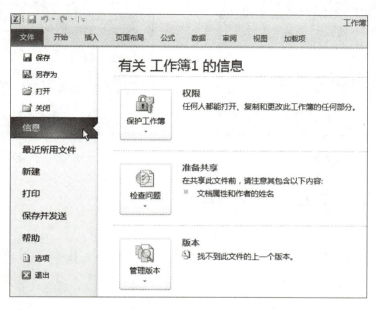

图 2-13 "信息"选项

② 单击右侧"保护工作簿"按钮,选择"用密码进行加密"选项,如图 2-14 所示。

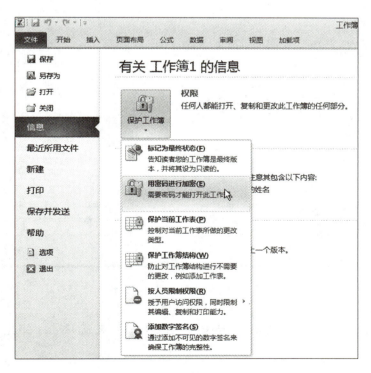

图 2-14 用密码进行加密

③ 如图 2-15 所示，在弹出的"加密文档"对话框中，输入密码，单击"确定"按钮。

④ 在"确认密码"对话框中输入同样的密码，如图 2-16 所示，单击"确定"按钮。

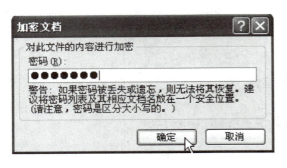

图 2-15　输入密码

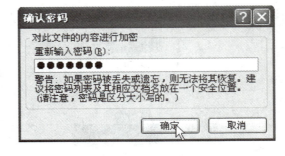

图 2-16　确认密码

⑤ 将此文档存盘，再次打开时就需要输入密码了。

方法二：

① 打开需要加密的 Excel 文档，单击"文件"选项卡，单击"另存为"按钮，弹出如图 2-17 所示的"另存为"对话框。

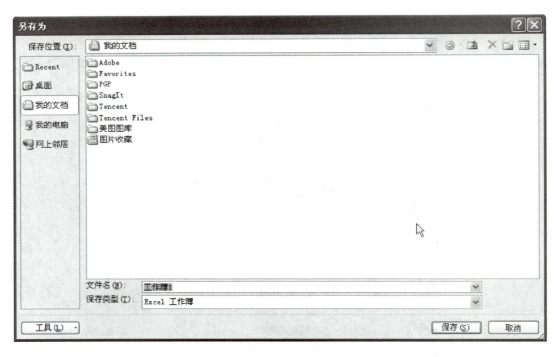

图 2-17　"另存为"对话框

② 如图 2-18 所示，单击"工具"按钮，选择"常规选项"，弹出"常规选项"对话框，如图 2-19 所示。

图 2-18  选择"常规选项"

③ 输入"打开权限密码",需要时也可以输入"修改权限密码",单击"确定"按钮,返回上一级对话框。

④ 单击"保存"按钮即可。下次打开或修改此文件时就需要输入密码。

**3. Office 文件密码的解除**

若要取消已经设置的文档密码,可以在文档密码设置环境清除已设置的密码,然后单击"确定"按钮,使取消密码操作生效。

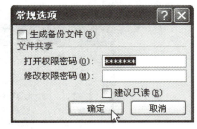

图 2-19  "常规选项"对话框

若遗忘了 Office 密码,则需要借助专门的 Office 文档密码解除工具解除密码。Advanced Office Password Recovery 就是一个专门用于解除 Office 文档密码的应用程序。下面以 Advanced Office Password Recovery 专业版为例,介绍其应用方法。

① 运行 Advanced Office Password Recovery 专业版软件,出现如图 2-20 所示界面。

② 设置各选项后,单击"恢复"选项卡,选择一种破解类型,例如"暴力破解",再单击工具栏上"打开文件"按钮,选择需要破解的文件,如图 2-21 所示。

③ 单击"打开"按钮,软件就可以根据用户设定的破解方式破解密码,如图 2-22 所示,密码破解成功。

20

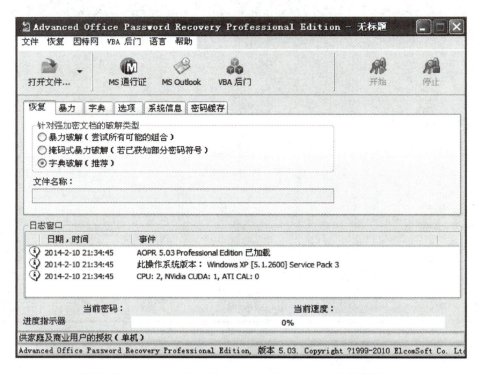

图 2-20　Advanced Office Password Recovery 专业版界面

图 2-21　打开需要破解的文件

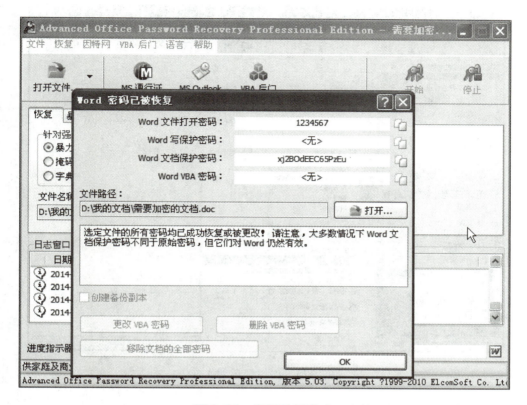

图 2-22　密码破解成功

Word 和 Excel 的文档可以分别设置打开权限密码和修改权限密码；密码是区分大小写的；此种加密若和磁盘的加密结合，文件将会更加安全。

## 任务 2.3　压缩文件的加密与解密

▷▷任务分析：

本任务通过两个常用的压缩软件 WinRAR 和 WinZip 来对特定文件进行加密和解密操作。

▷▷任务实施：

**1. WinRAR 文件的加密与解密**

（1）WinRAR 文件加密

① 右击需要压缩的文件，如图 2-23 所示，从弹出的快捷菜单中选择"添加到压缩文件"命令。

② 在弹出的"压缩文件名和参数"对话框中选择"常规"选项卡，单击"设置密码"按钮，如图 2-24 所示。

③ 如图 2-25 所示，输入密码，单击"确定"按钮，返回上一级对话框，再单击"确定"按钮即完成对该文件的加密压缩。

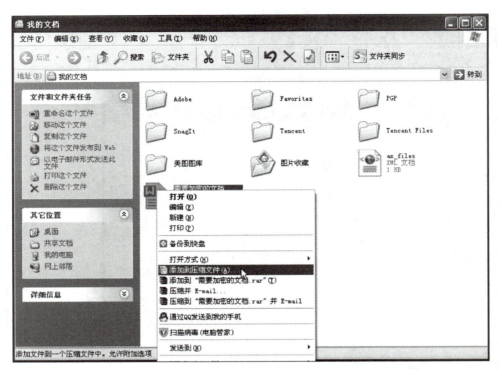

图 2-23　添加到压缩文件

图 2-24　"压缩文件名和参数"对话框

图 2-25　密码输入对话框

④ 下次打开该压缩文件时，就需要输入密码，如图 2-26 所示。

（2）破解 WinRAR 压缩文档密码

如果忘记了 WinRAR 压缩文档的密码，可以使用专业的压缩包密码解除软件 Advanced RAR Password Recovery（ARPR）来破解。

① 运行 ARPR 软件，弹出如图 2-27 所示操作界面。

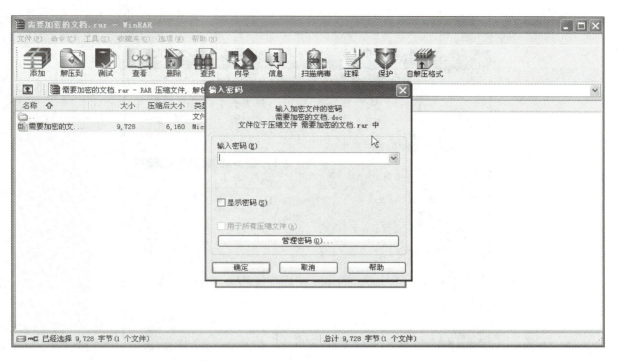

图 2-26　需要输入密码才能打开压缩文件

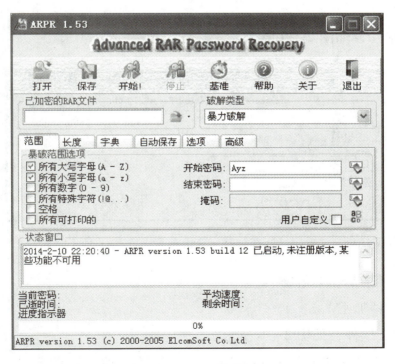

图 2-27　ARPR 操作界面

② 选择已加密的 RAR 文件，再指定破解类型，如"暴力破解"，并设置各选项，如图 2-28 所示。

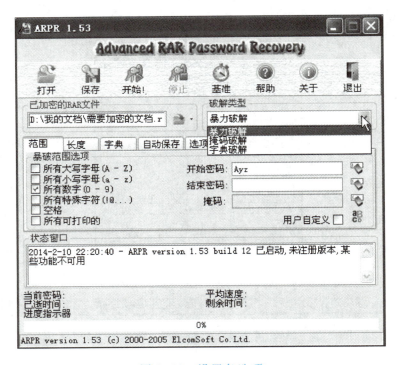

图 2-28　设置各选项

③ 密码破解成功，如图 2-29 所示。

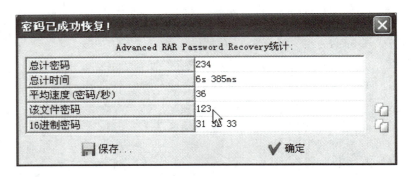

图 2-29　密码恢复成功

## 2. WinZip 文件的加密与解密

（1）WinZip 文件加密

① 打开 WinZip 软件，如图 2-30 所示。

② 单击工具栏上的"新建"按钮，新建一个压缩文件，将需要压缩的文件添加进来，如图 2-31 所示，单击"加密"按钮。

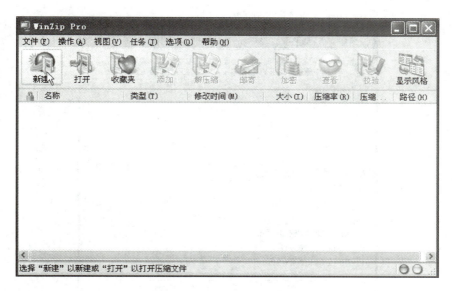

图 2-30　WinZip 操作界面

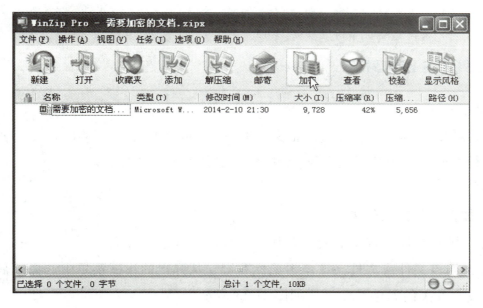

图 2-31　对压缩文件进行"加密"

③ 如图 2-32 所示，在"加密"对话框中输入密码，单击"确定"按钮，就生成了一个带密码的压缩文件。下次打开此压缩文件时必须输入密码才能打开。

（2）破解 WinZip 压缩文件密码

下载 Advanced ZIP Password Recovery 软件，操作类似于 Advanced RAR Password Recovery，这里不再赘述。

对一个或若干个文件或文件夹进行压缩时，也可以借助该压缩软件进行加密，这样下次解压缩文件时就需要提供密码，这给非授权用户打开此文件增加了难度。

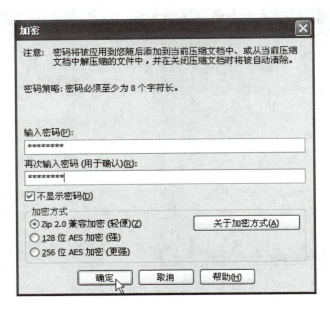

图 2-32　输入密码

## 任务 2.4　EFS 加密与解密

▷▷ 任务分析：

本任务将利用 Windows 内置的加密文件系统（Encrypting File System，EFS）来对 NTFS 文件系统进行加密，若磁盘不是 NTFS 分区则不能使用该方法加密。

▷▷ 任务实施：

**1. EFS 加密文件或文件夹**

① 打开资源管理器，选中需要设置加密属性的文件或文件夹。

② 鼠标指向该文件或文件夹，单击鼠标右键，从弹出的快捷菜单中选择"属性"命令，打开该文件或文件夹的属性对话框，如图 2-33 所示。

③ 单击"常规"选项卡中的"高级"按钮，打开如图 2-34 所示的"高级属性"对话框。

④ 选中"压缩或加密属性"选项组中的"加密内容以便保护数据"复选框，单击"确定"按钮，弹出如图 2-35 所示的对话框。

⑤ 选择一个选项，如"只加密文件"，单击"确定"按钮，完成文件的加密。

**2. EFS 解密文件或文件夹**

① 打开资源管理器，选中需要解密的文件或文件夹。

② 鼠标指向该文件或文件夹，单击鼠标右键，从弹出的快捷菜单中选择"属性"命令，打开该文件或文件夹的属性对话框。

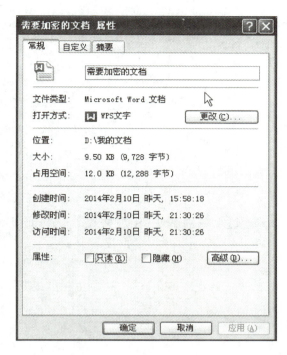

图 2-33　文件的属性

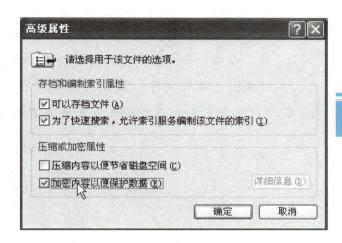

图 2-34　文件的"高级属性"对话框

27

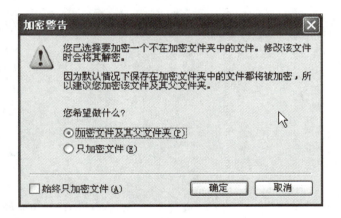

图 2-35　"加密警告"对话框

③ 单击"常规"选项卡中的"高级"按钮，打开"高级属性"对话框。

④ 去除"压缩或加密属性"选项组中的"加密内容以便保护数据"复选框，单击"确定"按钮解除加密。

EFS 加密主要针对 Windows 系统中 NTFS 分区的磁盘上的文件或文件夹进行加密，方法简单。若多个用户共用一台电脑，可以很方便地通过此方法保护个人资料。

 **项目小结**

本项目主要是介绍了 MD5 加密和破解、常用办公文档的加密与解密、压缩文件的加密

与解密及 EFS 加密与解密等几种加密技术。这些加密技术都是常用的加密方法，大家在平常学习和工作中注意加以应用。

 **作业**

1. 对任意一个单词进行 MD5 加密，再破解。
2. 对自己的一个 Word 文档进行加密并解密。
3. 新建一个压缩文件，设置打开密码为"password"。
4. 在 D:盘下建立一个以自己姓名命名的文件夹，对此文件夹进行 EFS 加密。

# 项目 3　病毒防杀

　　小张一次打开笔记本电脑时突然发现，自己的笔记本电脑变得异常，原本正常的文件突然打不开，而且自己心爱的笔记本电脑慢如蜗牛。小张经多方咨询，怀疑自己的笔记本电脑可能感染病毒。在专业人员的指导下，小张经过努力，终于排除了故障，使自己的笔记本电脑恢复正常。

　　随着信息化程度的不断提高，对计算机危害最大的就是计算机病毒。目前计算机病毒可以渗透到信息社会的各个领域，给计算机系统带来了巨大的破坏和潜在的威胁。为了确保信息的安全与畅通，保护自己计算机正常运行，如何防范病毒，越来越受到人们的高度重视。

## 理论认知篇　病毒的概念和分类

 **知识目标**

- 了解计算机病毒的概念
- 理解计算机病毒的分类

**1. 什么是计算机病毒**

计算机病毒是指"编制者在计算机程序中插入的破坏计算机功能或者破坏数据,影响计算机使用并且能够自我复制的一组计算机指令或者程序代码"。计算机病毒不同于生物病毒,它是人们编写的具有高超技巧的程序代码。它具有可执行性、隐蔽性、破坏性、传染性和可触发性等特点。

**2. 计算机病毒的分类**

计算机病毒种类很多,数量层出不穷,可以按不同的分类方式对计算机病毒进行分类:

(1)按病毒的寄生方式分类

病毒可以划分为引导型病毒、文件型病毒、网络型病毒。引导型病毒感染系统的引导扇区,它会先于操作系统运行并进驻内存;文件型病毒一般感染文件扩展名为 .COM、.EXE 或 .DOC 的文件;网络型病毒是现在传播和危害最广的病毒,往往新的病毒一出来就会漫延到全球很多计算机。

(2)按病毒破坏的能力分类

病毒可以分为良性病毒和恶性病毒。良性病毒往往不破坏计算机数据,仅仅只占用内存、显示图像、发出声音、减少磁盘的可用空间等,对系统没有其他影响;而恶性病毒危害很大,能使计算机系统造成严重的错误,甚至会删除程序、破坏数据。

(3)按病毒传染的方式分类

病毒可分为驻留型病毒和非驻留型病毒。驻留型病毒一般把自身的一部分驻留在内存中,此部分代码始终处于激活状态,去感染进入内存中的程序或系统,一直到关机或重新启动;非驻留型病毒激活时并不感染计算机内存。

# 项目实践篇　杀毒软件的使用

**技能目标**

- 了解市面上常用的杀毒软件
- 熟练使用 360、瑞星、金山毒霸等常见杀毒软件

## 任务 3.1　了解常用杀毒软件

▷▷ 任务分析：

　　每种杀毒软件都有其优点，了解常用杀毒软件的特性，选择一种适合自己的杀毒软件。

▷▷ 任务实施：

### 1. 认识 360 杀毒软件

　　360 杀毒是 360 安全中心出品的一款免费的云安全杀毒软件。它创造性地整合了五大领先查杀引擎，包括国际知名的 BitDefender 病毒查杀引擎、小红伞病毒查杀引擎、360 云查杀引擎、360 主动防御引擎以及 QVM Ⅱ 人工智能引擎，为用户带来安全、专业、有效、新颖的查杀防护体验。

### 2. 认识百度杀毒

　　百度杀毒是百度与卡巴斯基合作出品的全新杀毒软件，集合了百度强大的云端计算、海量数据学习能力与卡巴斯基反病毒引擎专业能力，一改杀毒软件卡机、臃肿的形象，为用户提供轻巧不卡机的产品体验。

### 3. 认识瑞星杀毒软件

　　瑞星杀毒软件（Rising Antivirus，RAV）采用获得欧盟及中国专利的六项核心技术，形成全新软件内核代码；具有八大绝技和多种应用特性；是目前国内外同类产品中最具实用价值和安全保障的杀毒软件产品。

### 4. 认识卡巴斯基杀毒软件

　　卡巴斯基杀毒软件是一款来自俄罗斯的杀毒软件。该软件能够保护家庭用户、工作站、邮件系统和文件服务器以及网关。除此之外，还提供集中管理工具、反垃圾邮件系统、个人防火墙和移动设备的保护，包括 Palm 操作系统、手提电脑和智能手机。

### 5. 认识金山毒霸

　　金山毒霸是中国著名的反病毒软件，它融合了启发式搜索、代码分析、虚拟机查毒等经

业界证明成熟可靠的反病毒技术，使其在查杀病毒种类、查杀病毒速度、未知病毒防治等多方面达到世界先进水平，同时金山毒霸具有病毒防火墙实时监控、压缩文件查毒、查杀电子邮件病毒等多项先进的功能。目前最新版本是新毒霸（悟空）。

除以上5种杀毒软件以外，还有江民杀毒、诺顿杀毒也是性能很好的杀毒软件。

杀毒软件种类很多，有国内的也有国外的，它们都有自己的核心技术，用户应根据自身的使用习惯和需求，合理选择适合自己的病毒防杀软件。

## 任务3.2　360杀毒软件的使用

▷▷ 任务分析：

本任务将从"http://sd.360.cn"网站上下载最新版本的360杀毒软件安装包，然后安装成功后，对自己的计算机进行杀毒。

▷▷ 任务实施：

① 打开浏览器，在地址栏中输入"http：//sd.360.cn"，打开360杀毒软件下载页面，如图3-1所示，单击"正式版"按钮，下载该杀毒软件，如图3-2所示。

② 双击刚下载的安装包文件"360sd_std_5.0.0.5011B.exe"，根据安装向导的提示安装该软件。软件启动后的界面如图3-3所示。

图3-1　进入360杀毒下载页面

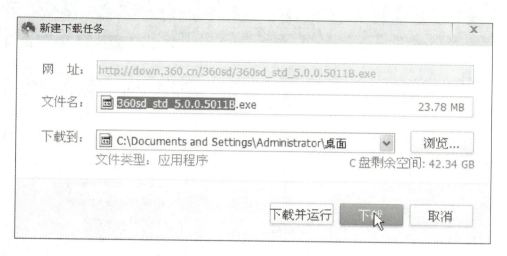

图 3-2　指定安装包保存位置

图 3-3　360 杀毒软件主界面

③ 单击"快速扫描"按钮，杀毒软件将检查系统最关键的位置，如图 3-4 所示。

图 3-4 正在进行快速扫描

④ 快速扫描结束后，软件将显示扫描的结果，如图 3-5 所示。

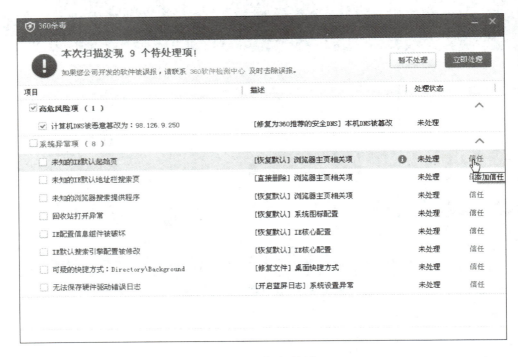

图 3-5 扫描结果

⑤ 选中需要处理项前的复选框，再单击"立即处理"按钮，360杀毒将对选中的需处理项进行处理，如图3-6所示。

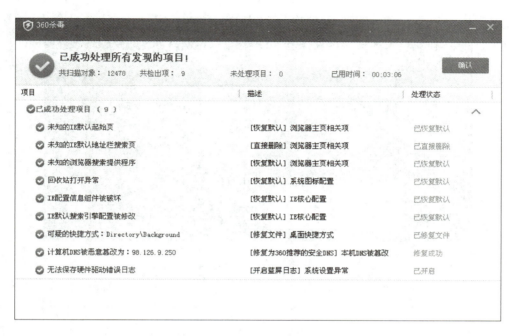

图3-6　处理后的结果

⑥ 根据需要可以进行"全盘扫描"，全盘扫描耗时长，但扫描彻底，可扫描电脑上所有磁盘上的所有文件，建议每隔几天就要进行一次全盘扫描。通常情况下快速扫描就可以。

⑦ 还可以单击图3-3所示主界面右下方"自定义扫描"按钮来自行确定扫描范围，如图3-7所示。

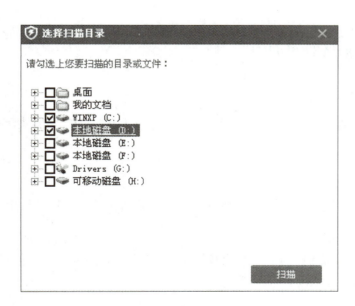

图3-7　自定义扫描

⑧ 单击图 3-3 所示主界面中"功能大全"按钮，360 杀毒还提供了很多其他的服务，如图 3-8 所示，用户可以根据需要使用。

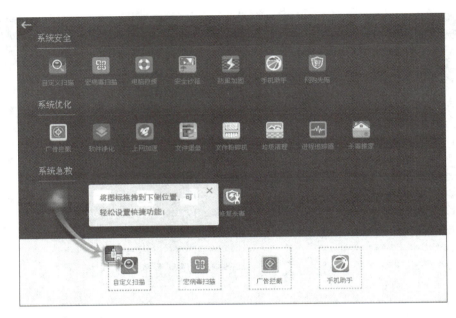

图 3-8　"360 杀毒"提供的功能大全

360 杀毒是奇虎 360 公司推出的一款完全免费的国产杀毒软件，采用 BitDefender 引擎、小红伞引擎、QVM Ⅱ人工智能引擎、系统修复引擎、360 云查杀引擎等多种引擎，无需注册、免激活，通过简单的安装之后即可保护用户的计算机，非常方便、省心。360 杀毒软件提供三种扫描模式，包括快速扫描、全盘扫描以及指定位置扫描，用户可以根据实际需要灵活选择扫描模式。

## 任务 3.3　瑞星杀毒软件的使用

▷▷ 任务分析：

本任务将从瑞星的官方网站上下载瑞星杀毒软件的安装包，然后安装并对电脑进行杀毒。

▷▷ 任务实施：

① 打开浏览器，在地址栏中输入瑞星的官方网站网址，打开瑞星官网主页，如图 3-9 所示，下载瑞星杀毒安装包。

② 双击刚下载的安装包，启动安装程序，如图 3-10 所示，进行软件的安装。

图 3-9    下载瑞星杀毒软件安装包

图 3-10    安装瑞星杀毒软件

③ 瑞星杀毒安装成功后，首先把软件更新到最新版本，如图 3-11 所示。

④ 瑞星杀毒也分为"全盘查杀"、"快速查杀"和"自定义查杀"三种查杀方式，用户一般使用"快速查杀"，定期使用"全盘查杀"，特殊需要也可以使用"自定义查杀"。单击"快速查杀"按钮，对系统"引导区"、"系统内存"、"关键区"进行快速查杀，如图 3-12 所示。

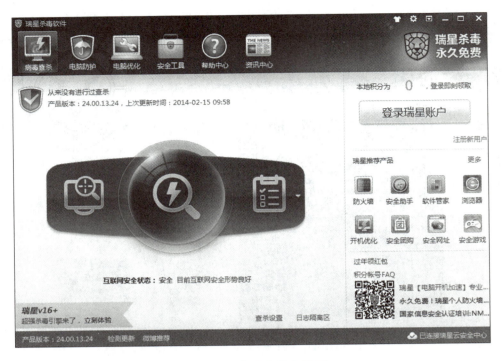

图 3-11　瑞星杀毒主界面

图 3-12　瑞星快速查杀

⑤ 查杀完成后，若存在安全威胁，瑞星将协助用户处理。若用户的电脑正常，则显示如图 3-13 所示的界面。

图 3-13　扫描完成

2011 年 3 月 18 日，国内最大的信息安全厂商瑞星公司宣布，杀毒软件永久免费。至此，价格不再成为阻碍广大用户使用顶级专业安全软件的障碍。瑞星免费产品包括：瑞星全功能安全软件、瑞星杀毒软件、瑞星防火墙、瑞星账号保险柜、瑞星加密盘、软件精选、瑞星安全助手等所有个人软件产品。

## 任务 3.4　金山毒霸的使用

▷▷ **任务分析：**

本任务将从金山毒霸的官方网站上下载金山毒霸最新的安装包，然后安装并对电脑进行杀毒。

▷▷ **任务实施：**

① 打开浏览器，在地址栏中输入金山毒霸的官方网站网址，打开金山网络主页，如图 3-14 所示，下载新毒霸安装包。

② 双击安装包，进行新毒霸的安装，如图 3-15 所示。

③ 安装成功后，运行该软件，显示如图 3-16 所示的界面。

图 3-14　从金山网络下载安装包

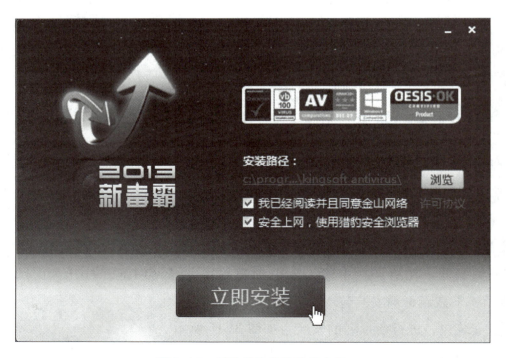

图 3-15　新毒霸杀毒软件的安装

图 3-16　新毒霸软件主界面

④ 单击"电脑杀毒",选择杀毒方式:"一键云查杀"和"全盘查杀"。单击"一键云查杀"按钮,如图 3-17 所示,对系统进行云查杀。

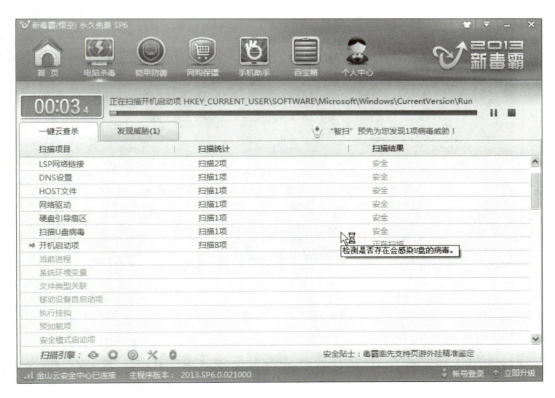

图 3-17　正在进行云查杀

⑤ 查杀完成后，软件对查杀结果进行报告，如图 3-18 所示，发现两项威胁。

图 3-18 发现两项威胁

⑥ 勾选两个系统异常项，单击"立即处理"按钮，让新毒霸软件来处理，如图 3-19 所示。

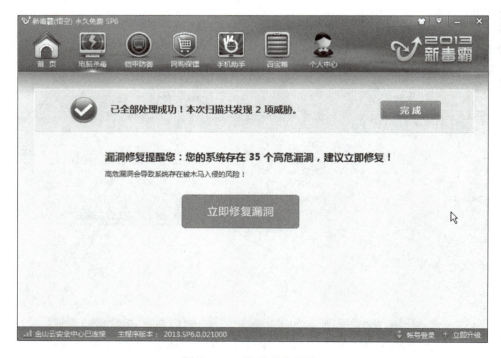

图 3-19 处理威胁完毕

　　金山毒霸的一个很重要的特点就是占用磁盘空间小，安装快捷；首创电脑、手机双平台杀毒；融合了启发式搜索、代码分析、虚拟机查毒等经业界证明成熟可靠的反病毒技术，使其在查杀病毒种类、查杀病毒速度、未知病毒防治等多方面达到先进水平；同时金山毒霸具有病毒防火墙实时监控、压缩文件查毒、查杀电子邮件病毒等多项先进的功能。

## 项目小结

　　本项目主要介绍了病毒的相关知识以及市面上常用的杀毒软件的使用，每种杀毒软件都有其自身的优点和不足，用户根据自己的需要选择其中的一种即可。

## 作业

　　1. 查阅市面上流行的常用杀毒软件资料，对比其优缺点。

　　2. 从360杀毒、瑞星杀毒、金山毒霸三种杀毒软件中任选一种，到其官网上下载免费安装包，将其安装到自己的计算机上并进行杀毒。

# 项目4　木马防杀

　　小军的电脑有时会莫名其妙地死机或重启，他在不操作电脑的时候，却发现硬盘有时频繁地被访问、系统速度异常缓慢、系统资源占用率过高……小军百思不得其解，经请教计算机专业工程师，小军才知道可能是自己的电脑中了木马病毒。工程师建议小军要及时修复系统中的漏洞，要第一时间修复操作系统漏洞补丁，还要用相关软件定期查杀木马。小军经过请教才知道木马和漏洞补丁的含义，工程师的一番话激起了小军的兴趣，于是小军上网查找资料进一步了解此方面的知识……

# 理论认知篇　木马的定义与特点

 **知识目标**

- 了解特洛伊木马典故
- 理解木马原理及特点

### 1. 特洛伊木马的由来

相传在古希腊的一场战争中，希腊联军围困特洛伊城，但久攻不下。于是有人献计，假装撤退，留下一具巨大的中空木马在特洛伊的城墙外，特洛伊守军以为希腊军放弃了攻城，把巨大的木马运进城中作为战利品。整个特洛伊沉浸在胜利的庆祝中。到了夜深之际，木马腹中躲藏的希腊士兵悄悄地打开城门，希腊军大举涌入，特洛伊城市沦陷。后人常用"特洛伊木马"这一典故比喻在敌方营垒里埋下伏兵里应外合的活动。特洛伊木马（简称"木马"）程序的名字即由此而来。

### 2. 木马的定义与原理

木马是一种后门程序，一般由两部分组成：服务端和控制端，具有很强的隐蔽性。它一般通过各种手段传播或感染对方机器应用程序，只要对方机器运行带木马的应用程序，木马的服务端就会被安装在目标机器上，黑客可以在自己的机器上通过控制端来盗取目标机器上的数据、信息甚至控制目标机器。

### 3. 木马的特点及传播途径

木马是病毒的一种，其本身也有很多种类型。木马最重要的特点就是隐蔽性。要想达到不被用户或专业软件发现，它就只能悄悄地隐藏在系统之中。为了达到长期的隐蔽性，木马都具有较强的欺骗性，这是它的第二个特点。木马程序运行时不产生图标，也不出现在任务管理器中，并以"系统服务"的方式欺骗操作系统，还经常伪装成系统文件或用户文件。为了和控制端联系，木马能自动打开一些特别的端口。木马往往有多重备份，并彼此相互恢复。

在网络时代，木马的传播途径大部分与网络相关。下载不明身份的文件，或访问不熟悉的网页，打开一些来路不明的电子邮件，甚至是在一些聊天过程中都可能传播木马。

## 项目实践篇　计算机安全助手的使用

### 技能目标

- 熟练使用金山卫士、360 安全卫士等安全助手防杀木马
- 会使用安全助手查找漏洞、修补漏洞

## 任务 4.1　使用金山卫士防杀木马和修复漏洞

▷▷任务分析：

本任务将从金山网络公司的官方网站上下载"金山卫士"的安装包，在自己的电脑上安装，然后对电脑进行木马的防杀和漏洞的修复。

▷▷任务实施：

#### 1. 防杀木马

① 打开浏览器，在地址栏中输入金山网络的网址，打开金山网络的首页，单击"金山卫士"，进入"金山卫士"的下载页面。如图 4-1 所示，单击"免费下载"按钮，下载"金山卫士"的安装包。

图 4-1　下载"金山卫士"安装包

② 双击"金山卫士"安装包，选择适当的安装位置，进行软件的安装，如图 4-2 所示。

图 4-2　安装"金山卫士"

③ 如图 4-3 所示，软件安装成功后，自动打开。

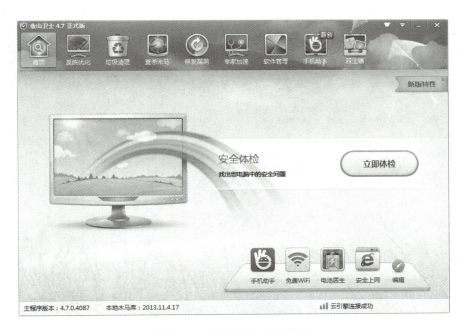

图 4-3　"金山卫士"界面

④ 单击"查杀木马"按钮，如图 4-4 所示，在"木马查杀"界面中，选择"全盘扫描"。以后可根据需要使用"快速扫描"或是"自定义扫描"。

⑤ 如图 4-5 所示，全盘扫描结束后，"金山卫士"显示扫描的结果。

⑥ 勾选全部选项，单击"立即修复"按钮，借助软件清除威胁。

图 4-4 全盘扫描

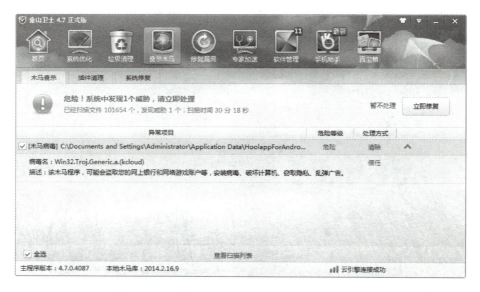

图 4-5 显示扫描结果

## 2. 修复漏洞

① 单击"金山卫士"主界面上的"修复漏洞"按钮，"金山卫士"对系统进行漏洞检测，并显示检测结果，如图 4-6 所示。

② 勾选需要修复的漏洞，一般全部选中，再单击"立即修复"按钮，软件一边下载补丁一边修复漏洞，如图 4-7 所示。

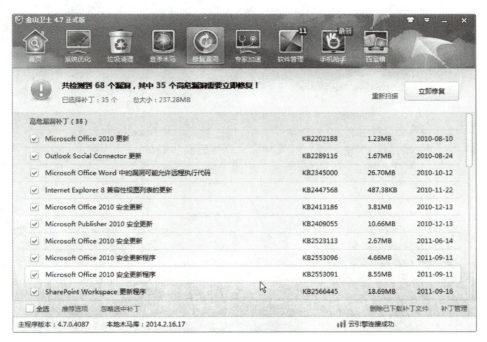

图 4-6　检测漏洞结果

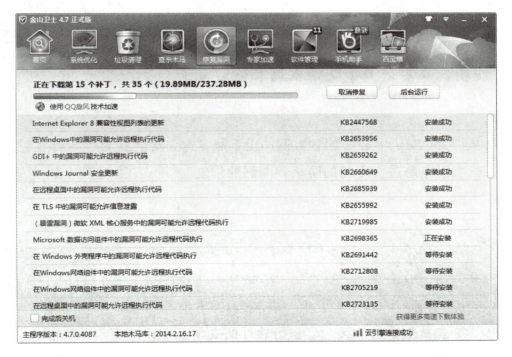

图 4-7　下载补丁并修复漏洞

　　③ 修复完成后，单击"立即重启"按钮，重新启动操作系统，使修复的补丁立即生效。

　　④ 在"金山卫士"主界面上，单击"首页"中的"立即体检"按钮，对系统进行全面体检，如图 4-8 所示，显示体检结果。若有问题，再进行修复。

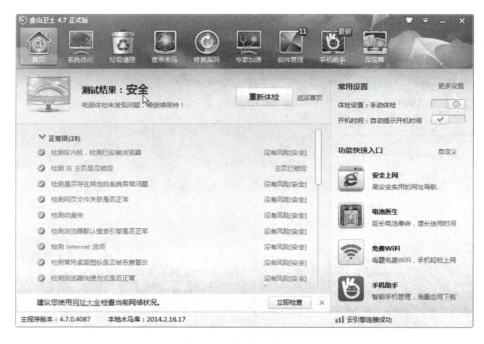

图 4-8　显示体检结果

　　金山卫士不仅可以对系统进行木马查杀、漏洞修复，还有系统优化和垃圾清理、专家加速、软件管理、手机助手、百宝箱等很重要的功能，其中垃圾深度清理功能特别强大。

## 任务 4.2　使用 360 安全卫士防杀木马和修复漏洞

▷▷任务分析：

　　本任务将从"360 安全中心"的官方网站上下载"360 安全卫士"的安装包，在自己的电脑上安装，然后对电脑进行木马的防杀和漏洞的修复。

▷▷任务实施：

### 1. 防杀木马

　　① 打开浏览器，在地址栏中输入"360 安全中心"的网址，打开"360 安全中心"的首页，单击"360 安全卫士"，进入"360 安全卫士"的下载页面，如图 4-9 所示，单击"免费下载"按钮，下载"360 安全卫士"安装包。

　　② 双击"360 安全卫士"安装包，进行软件的安装，安装完成后立即启动"360 安全卫士"，如图 4-10 所示。

　　③ 单击"木马查杀"按钮，从"快速扫描"、"全盘扫描"和"自定义扫描"中选择一种扫描方式，本例选择"全盘扫描"，如图 4-11 所示，对所有磁盘中的文件进行彻底扫描。

图 4-9　下载"360 安全卫士"安装包

图 4-10　"360 安全卫士"界面

图 4-11　单击"全盘扫描"

④ 如图 4-12 所示，"360 安全卫士"正在进行全盘扫描。扫描结束后显示扫描结果，如图 4-13 所示。

图 4-12　正在进行全盘扫描

⑤ 如图 4-13 所示，勾选所有的风险项，单击"立即处理"按钮，危险项清除完毕，如图 4-14 所示；如果单击"稍后我自行重启"按钮，"360 安全卫士"将显示处理报告，如图 4-15 所示。

图 4-13　显示扫描的结果

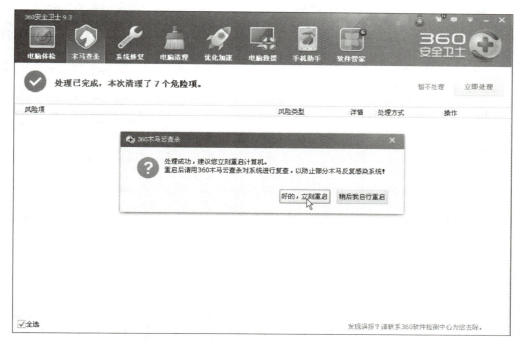

图 4-14　危险项清除完毕

图 4-15　显示处理报告

## 2. 修复漏洞

① 选择"系统修复",如图 4-16 所示,单击"漏洞修复"按钮。

图 4-16　选择"漏洞修复"

② 如图 4-17 所示,"360 安全卫士"显示查找出的系统漏洞。

③ 勾选所有的"高危漏洞",单击"立即修复"按钮,软件一边下载补丁一边修复漏洞,如图 4-18 所示。

图4-17　"360安全卫士"显示查找出的系统漏洞

图4-18　下载补丁并修复漏洞

④ 修复完成后，需要重新启动系统，才能使补丁生效。

⑤ 在"360安全卫士"主界面上选择"电脑体检"，单击"立即体检"按钮，对电脑进行全面的体检，如图4-19所示，显示体检的结果。

图 4-19　显示体检的结果

⑥ 单击"一键修复"按钮，对系统进行修复。

360 安全卫士拥有电脑体检、木马查杀、系统修复、电脑清理、优化加速、电脑救援、手机助手、软件管家等多种功能，并独创了"木马防火墙"功能，依靠抢先侦测和云端鉴别，可全面、智能地拦截各类木马，保护用户的账号、隐私等重要信息。

 **项目小结**

本项目主要介绍了木马的概念及如何借助"金山卫士"和"360 安全卫士"进行木马防杀和漏洞修复。定期对计算机进行木马防杀和漏洞修复是一个很好的习惯。

 **作业**

1. 在你的电脑上安装"金山卫士""360 安全卫士"或"QQ 电脑管家"，然后对电脑进行木马查杀，并进行漏洞修复。

2. 使用上述刚安装的软件对系统进行优化。

56

# 项目 5  端口扫描技术

　　小军常听到别人谈及端口技术，关闭端口就能关闭机器上某些应用，这样就可以保护自己的计算机不被黑客攻击。小军觉得端口就如一个房间的门，门锁好了，房子就安全了。那什么是端口呢？怎样保护呢？下面我们和小军一起来学习吧！

# 理论认知篇　端口及其相关技术

 **知识目标**

- 了解端口的定义
- 理解端口的类型
- 了解端口扫描技术

## 1. 什么是端口

端口，在计算机领域中可以分为硬件端口和软件端口两类。硬件上的端口又称为接口，如并行端口和串行端口，用于连接各类相关的硬件；软件上的端口一般指网络中服务的通信协议端口。本项目中所述的端口是指软件端口。

每一台联网的计算机都有一个 IP 地址，如果把 IP 地址比作一间房子，端口就好像是出入这间房子的大门。现实中真正的房子只有 1~2 个门，但是一个 IP 地址的端口可以有 65536（即 $2^{16}$）个。端口是通过端口号来标记的，端口号为整数，范围是 0~65535（$2^{16}-1$）。

那么，端口号的作用是什么呢？由于每种网络服务的功能都不相同，因此有必要将不同功能的数据包送给不同的服务来处理，比如当你的主机同时开启了 WWW 与 FTP 服务的时候，那么别人发送的服务请求，就会依照不同的端口号来提交给 FTP 服务或者是 WWW 服务来处理，这样就不会出错。每一种服务都在特定的端口进行监听，因此无须担心计算机会误判。

很多的蠕虫病毒，如"冲击波"病毒，特征之一就是利用有漏洞的操作系统进行端口攻击，因此防范此类病毒的简单方法就是找出相应端口，然后关闭该端口，这也是本项目的最终任务。

## 2. 端口的类型

一般来说，可以把端口按照功能分为以下 3 类。

（1）公认端口（Well Known Ports）

端口范围为 0~1023。公认端口是众所周知的、公认的端口，这些端口明确定义了某种特定服务和通信，并与这些特定的服务绑定在一起，不可以把这些端口号重新定义给其他的服务。例如，80 端口分配给 WWW 服务，21 端口分配给 FTP 服务，23 端口分配给 Telnet 服务，等等。

（2）注册端口（Registered Ports）

端口范围为 1024～49151。计算机将这些端口号分配给用户进程或应用程序。这些进程主要是用户选择安装的一些应用程序，而不是已经分配了公认端口的常用程序。这些端口可以根据用户程序的需要临时指定。很多远程控制软件、木马程序等黑客软件都有可能利用这些端口号来运行自己的程序。

（3）动态端口（Dynamic Ports）

端口范围为 49152～65535，这些端口号一般不固定分配某种服务，而是动态分配。动态分配是指当一个系统进程或应用程序进程需要服务时，它向主机申请一个端口，主机从可用的端口中临时分配一个供它使用。当这个进程关闭时，同时也就释放了所占用的端口。实际上，黑客常利用这部分的端口来运行特定的木马程序，因为这类端口非常隐蔽，不容易被人发觉。

**3. 端口扫描技术**

（1）端口扫描原理

端口扫描（Port Scanning）是一种通过连接到目标计算机的已开放和使用中的端口来确定目标计算机上运行的进程和服务的方法。

（2）端口扫描目的和用途

① 能识别在网络中运行的一台计算机或多台计算机。

② 能识别计算机上启用的服务、开放的端口号。

③ 能识别计算机上操作系统类型、版本等系统信息。

④ 能识别计算机上运行的应用程序。

⑤ 能识别计算机上存在的系统漏洞、软件漏洞。

**4. 常见的扫描软件及应用**

扫描软件是一种自动检测远程或本地主机安全性弱点的程序，通过运行扫描软件，可不留痕迹地发现远程或本地主机的各种端口的分配、提供的服务和它们的软件版本！这样就能清楚地了解到该主机所存在的安全问题。

扫描软件并不是一个直接的攻击网络漏洞的程序，它只能用来发现远程或本地主机的某些内在的弱点。一个好的扫描软件能对获得的数据进行分析，帮助用户查找目标主机的漏洞。

扫描软件一般有三项功能：发现运行中的一台主机或一个网络的能力；一旦发现一台主机，有发现其上正在运行什么服务的能力；通过测试这些服务，发现存在什么漏洞的能力。

其实扫描软件是一把双刃剑，利用它可以更好地发现自己机器存在的问题和漏洞，为下一步的修补提供条件，而黑客却可以利用它，为自己的攻击提供条件。

# 项目实践篇    扫描软件及端口相关操作

**技能目标**

- 掌握常见扫描软件的使用
- 会查看端口状态
- 会关闭闲置和危险的端口

## 任务 5.1    常见扫描软件的使用

▷▷任务分析：

SuperScan 是由 Foundstone 开发的一款免费的、功能十分强大的工具，它既是一款黑客工具，又是一款网络安全工具。黑客可以利用它收集远程网络主机信息；而作为安全工具，可以通过 SuperScan 发现网络中的弱点。本任务主要是利用该软件对端口进行扫描。

▷▷任务实施：

① 打开浏览器，在网上搜索并下载 SuperScan 4.0。该软件可在 Windows 2000/XP/2003/7 等平台上运行。解压后，双击 SuperScanV4.0-RHC.exe 主程序，开始使用。打开主界面，如图 5-1 所示。

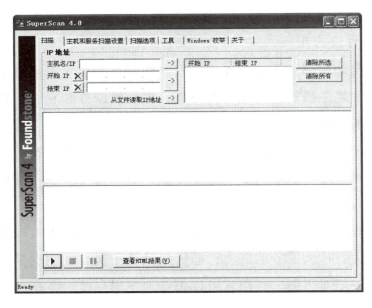

图 5-1    SuperScan 4.0 主界面

② 在"扫描"选项卡的 IP 地址框中输入开始 IP 地址和结束 IP 地址。本例的 IP 地址范围为 200.100.100.1～200.100.100.254，如图 5-2 所示。

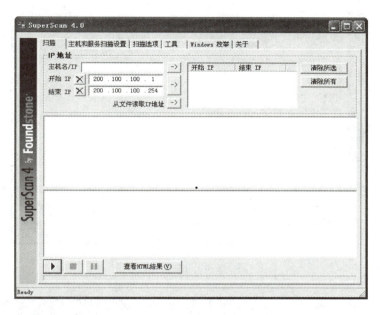

图 5-2  输入扫描 IP 地址的范围

③ 单击 按钮，添加扫描的 IP 地址范围，如图 5-3 所示。

图 5-3  添加扫描的 IP 地址范围

④ 单击左下方的 按钮，SuperScan 开始扫描地址，如图 5-4 所示。

⑤ SuperScan 支持主机名和 IP 相互转换。这个功能可以帮助我们找到两者的对应关系，比如，根据主机名 www.ifeng.com 可以找到相应的 IP 地址，反之亦然，如图 5-5 所示。

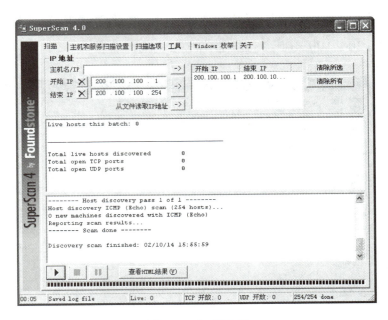

图 5-4 扫描结果

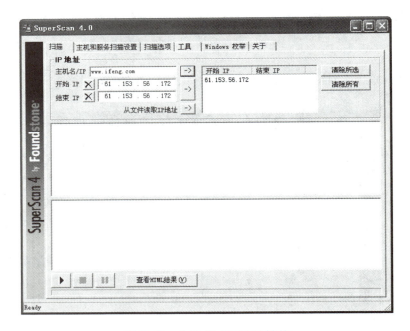

图 5-5 主机名/IP 地址转换

⑥ 扫描结束后，SuperScan 提供一个打扫报告，记录了每台扫描过的主机被发现的开放端口信息，单击"查看 HTML 结果"按钮可以选择以 HTML 格式显示信息，如图 5-6 所示。

⑦ 现在已经能够对一群主机或者一台主机执行简单的扫描。然而，有时仅有这些还是不够的，SuperScan 还提供了强大的定制功能。单击"主机和服务扫描设置"选项卡，如图 5-7 所示，在这里能够看到更多的内容。

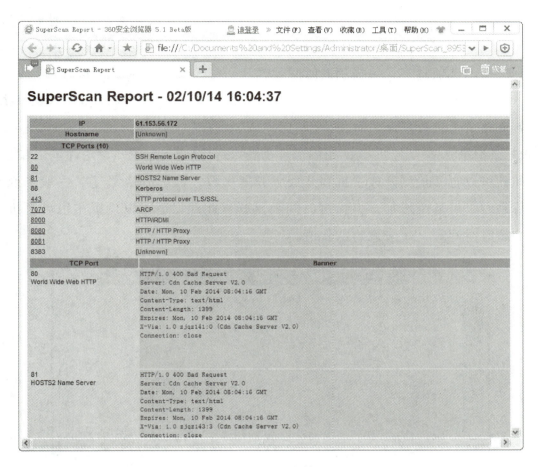

图 5-6　HTML 结果

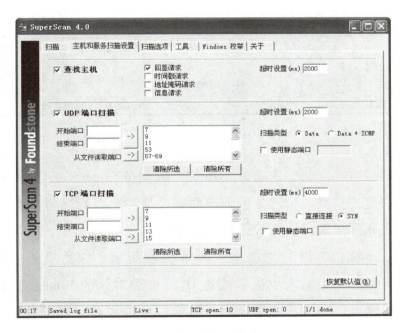

图 5-7　主机和服务扫描设置

⑧ 在顶部的"查找主机"选项组中，默认发现主机的方法是通过回显请求；还可以通过选择其他的扫描方式来发现主机，如"时间戳请求""地址掩码请求"和"信息请求"等。不过，选择的选项越多，扫描用的时间就越长。

**提示：**如果需要收集一台主机更多的信息，建议首先执行一次常规扫描来发现主机，然后再利用其他选项来进行仔细的扫描。

⑨ 单击"扫描选项"选项卡，如图 5-8 所示。在这里 SuperScan 允许进一步控制扫描过程。例如，可以定义检测开放主机和开放服务的次数，默认值是"1"，一般来说足够了，当连接不可靠时，可适当增加，但检测时间会更长。此外，还可以设置主机名解析的次数、获取标志的超时时间等，一般设为默认值。

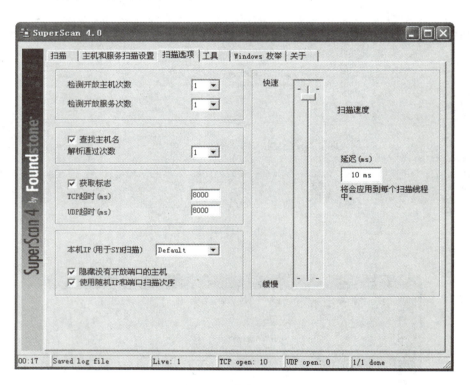

图 5-8　扫描选项

旁边的滚动条是扫描速度调节选项，利用它可以调节 SuperScan 在发送每个包所要延迟时间。如果想以最快速度扫描，当然是调节滚动条至顶部，即延迟为 0 ms。可是，若扫描速度设置为 0 ms，可能导致包溢出。一般设为默认值即可。

⑩ 单击 SuperScan 的"工具"选项卡，如图 5-9 所示。在这里通过单击不同的按纽，可收集主机的各种信息。正确输入主机名或者 IP 地址和默认的 Whois 服务器，然后单击要得到相关信息的按钮即可。例如，通过 ICMP 跟踪一台服务器，通过路由跟踪一台服务器，发送一个 HTTP 相关请求，执行一次 Whois 调用，等等。

图 5-9　工具选项

⑪ 单击 SuperScan 的"Windows 枚举"选项卡，如图 5-10 所示。在这里能够提供从单个主机到用户群组，再到协议策略的所有信息。不过这里主要针对的是 Windows 主机的信息，如果是 Linux 或 UNIX 主机，这个选项就没有用处了。

图 5-10　Windows 枚举选项

SuperScan 能扫描一台或一群主机的端口开放状态，只有了解了哪些端口开放了，才可以很好地保护主机免遭攻击。

## 任务 5.2　查看端口状态

▷▷任务分析：

本任务将通过 Windows 自带的系统命令 netstat 和免费软件 TCPView，来查看本机各个端口的运行状态，为发现和排除木马等可疑的程序提供有利的武器。

▷▷任务实施：

### 1. 用 netstat 命令查看

① 单击"开始"按钮，选择"运行"命令，打开"运行"对话框，如图 5-11 所示，在"打开"组合框中输入"cmd"命令，按回车键，进入命令提示符界面。

② 在提示符后输入命令"netstat -an"，然后按回车键，执行结果如图 5-12 所示。

图 5-11　"运行"对话框

图 5-12　netstat 运行结果

netstat 侦测到的端口的几种常见状态如下。

LISTENING：表示处于侦听状态，说明该端口是开放的，正在等待连接。

SYN_SENT：表示在发送连接请求后等待匹配的连接请求。

SYN_RECEIVED：表示在收到一个连接请求后等待对方的确认。

ESTABLISHED：表示已建立连接，两台机器正在通信。

TIME_WAIT：表示等待足够的时间，以确保远程 TCP 接收到连接中断的请求。

FIN_WAIT_1：表示期望主动关闭连接，向对方发送了 FIN 报文，等待远程 TCP 的连接中断请求，或对先前的连接中断请求的确认。

FIN_WAIT_2：表示从远程 TCP 等待连接中断的请求。

CLOSE_WAIT：表示等待从本地用户发来的连接中断请求。

CLOSING：表示双方都正在关闭 socket 连接，等待远程 TCP 对连接中断的确认。

LAST_ACK：表示等待原来发向远程 TCP 的连接中断请求的确认。

CLOSED：表示没有任何连接。

**2. 用 TCPView 软件查看**

TCPView 是一款免费的端口和线程监控工具，木马只要在内存中运行，就一定会打开某个端口；只要黑客进入你的计算机，就必定有新的线程。TCPView 可以列出当前所有 TCP 和 UDP 端口的进程清单，包括本地和远程地址的 TCP 连接，它和系统命令 netstat 类似，但它是图形界面的，查看更方便。

① 打开 TCPView 3.05 软件，界面如图 5-13 所示。

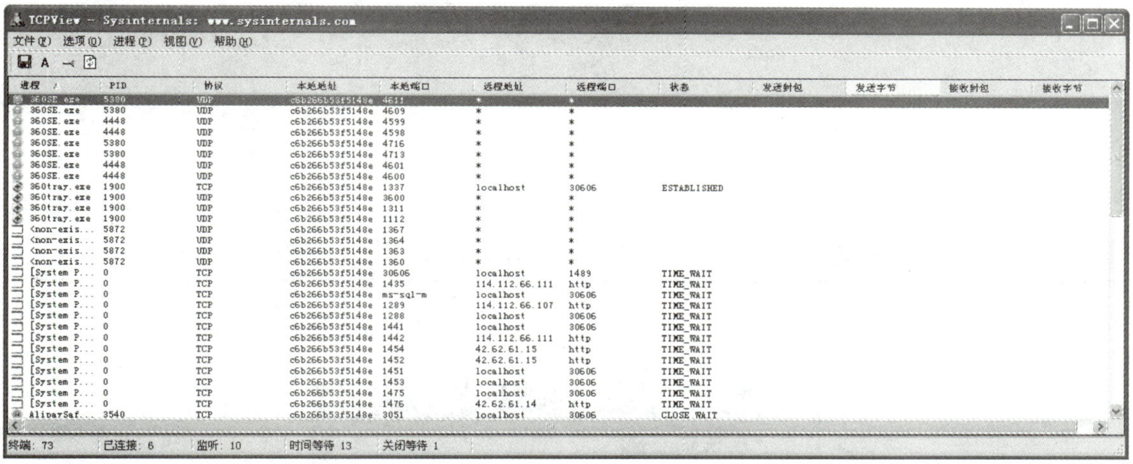

图 5-13　TCPView 主界面

② TCPView 主界面中本地地址默认是以绝对地址（MAC 地址）的形式显示的，可以单击工具栏上的 A 按钮，使其变为 IP 地址，这样可以更好地找出是哪一台计算机，如图 5-14 所示。

③ 单击工具栏上的 → 按钮可以过滤未连接的终端，仅显示已有连接的条目，如图 5-15 所示。

④ 单击或双击图示的第一个进程 360SE.exe，弹出如图 5-16 所示进程属性对话框。该对话框中不仅可以看到该程序的路径，还可以通过单击"结束进程"按钮来关闭该程序。当然也可以直接在 TCPView 的主界面中选择某进程，单击鼠标右键，从快捷菜单中选择"结束进程"命令来关闭该程序。

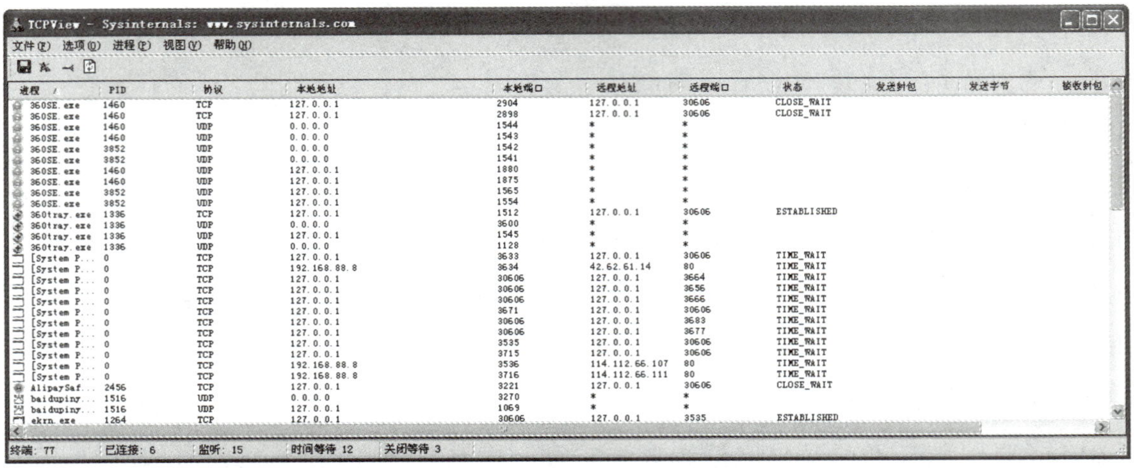

图 5-14　IP 地址显示主界面

图 5-15　过滤后的显示条目

图 5-16　进程属性对话框

在 TCPView 的主界面中，对于已经建立的连接，状态标识为"ESTABLISHED"，在该连接上单击鼠标右键，从快捷菜单中选择"关闭连接"命令可直接关闭该连接。

单击 TCPView"视图"→"更新速度"菜单，可以修改更新的时间间隔，默认为 1 秒，如图 5-17 所示。

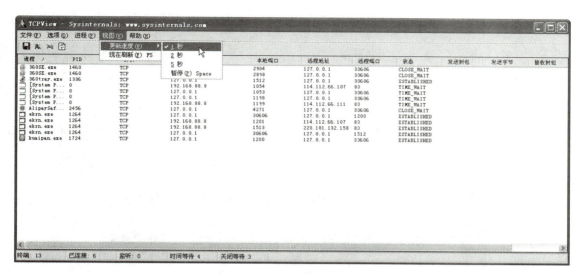

图 5-17　修改更新速度

## 任务 5.3　关闭闲置和危险的端口

▷▷ 任务分析：

通过直接关闭服务和通过防火墙关闭端口的方法，都可以关闭指定的端口号。这两种方法实现的方法不同，但效果是相同的。本任务将使用这两种方法来关闭指定的端口。

▷▷ 任务实施：

### 1. 关闭 Telnet 服务

① 打开"控制面板"，选择"系统和安全"→"管理工具"→"服务"选项，打开"服务"窗口，如图 5-18 所示。

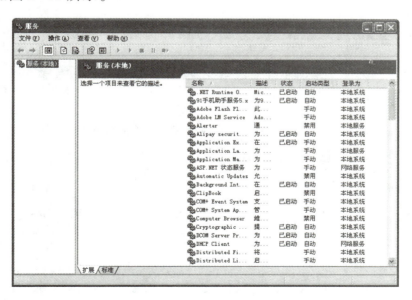

图 5-18　"服务"窗口

"服务"窗口中显示了本机上的所有服务，在每个服务的"状态"栏里显示了服务的运行状态，其中"已启动"表示此服务正在运行；"启动类型"栏表示了服务是如何启动的。"自动"表示此服务随着计算机的每次运行自动启动；"手动"表示此服务需要人工手动启动；"禁用"表示此服务目前被禁用了。

② 找到 Telnet 服务，目前状态是"已启动"，启动类型是"自动"；在该服务上单击鼠标右键，从弹出的快捷菜单中选择"停止"命令，将该服务关闭，如图 5-19 所示。

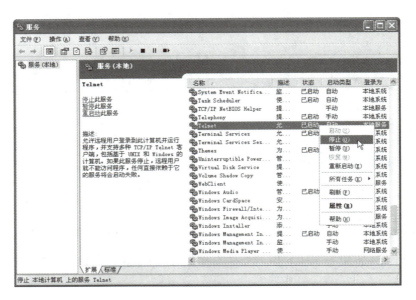

图 5-19　关闭 Telnet 服务

③ 选中 Telnet 服务，单击鼠标右键，从弹出的快捷菜单中，选择"属性"命令，如图 5-20 所示；在弹出的属性对话框中，将"启动类型"设置为"禁用"，如图 5-21 所示。

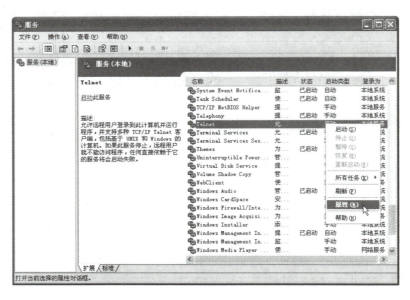

图 5-20　服务属性

④ 单击"确定"按钮，在服务的主界面中就会发现 Telnet 服务的"启动类型"已经标识为"禁用"状态了，Telnet 服务也已经停用了。

### 2. 利用 Windows 防火墙屏蔽端口

在 Windows 7 系统里，可以通过系统自带的防火墙屏蔽本地端口，但前提是必须先启用 Windows 防火墙。

① 打开"控制面板"，选择"系统和安全"→"Windows 防火墙"→"高级设置"，打开"高级安全 Windows 防火墙"窗口，如图 5-22 所示。

② 单击左窗格中的"入站规则"选项，中间窗格中显示目前存在的所有入站规则，如图 5-23 所示。

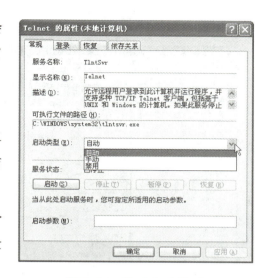

图 5-21　修改启动类型

③ 选择左窗格中的"入站规则"选项，单击鼠标右键，从快捷菜单中选择"新建规则"命令，或者直接单击右窗格中的"新建规则"按钮，打开"新建入站规则向导"，如图 5-24 所示。

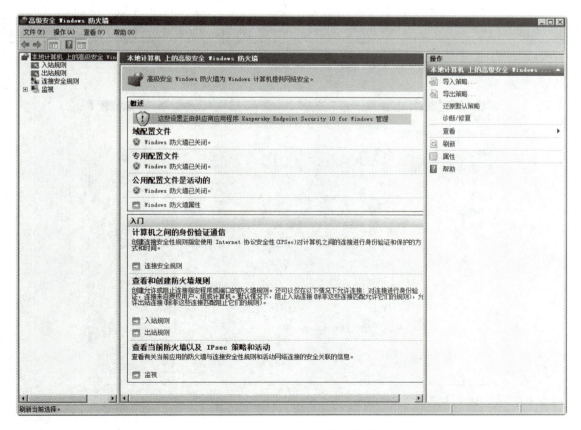

图 5-22　Windows 防火墙高级设置

71

72

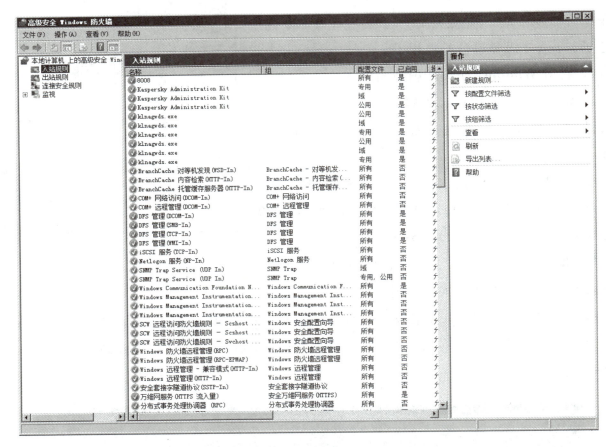

图 5-23　入站规则

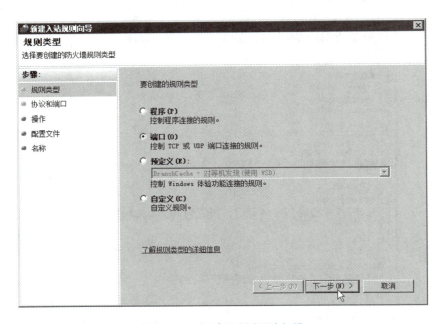

图 5-24　新建入站规则向导

④ 选择"端口"单选按钮，单击"下一步"按钮，打开"协议和端口"界面，如图 5-25 所示。在这里选择协议的类型（TCP 或者 UDP），在"特定本地端口"文本框中输入要禁用的端口，例如"21"，然后单击"下一步"按钮，打开"操作"界面，如图 5-26 所示。

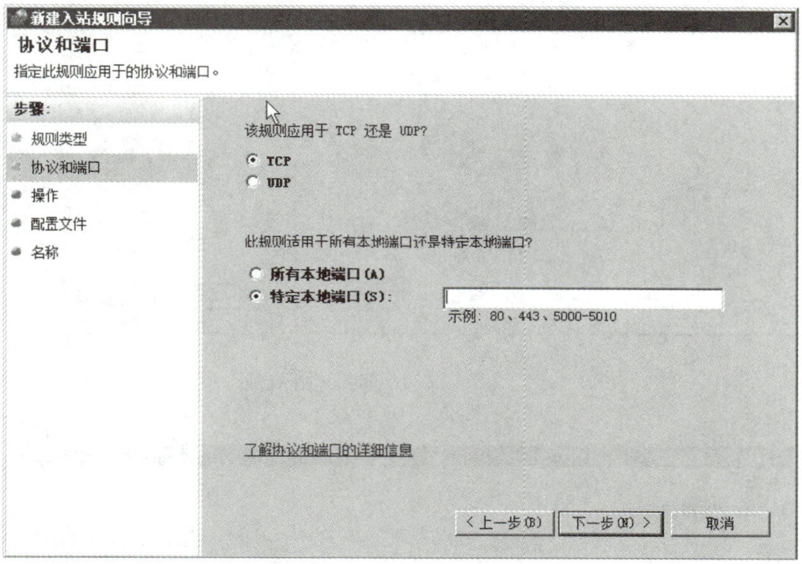

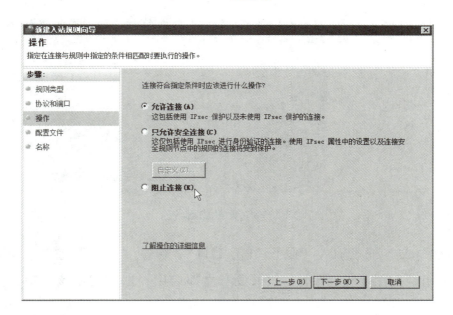

图 5-25　设置端口

图 5-26　设置操作

⑤ 选择"阻止连接"单选按钮，单击"下一步"按钮，打开"配置文件"界面，如图 5-27所示。可以根据自身的应用情况选择何时应用该规则。选择"域"和"公用"复选框，单击"下一步"按钮，打开"名称"界面，如图 5-28 所示。

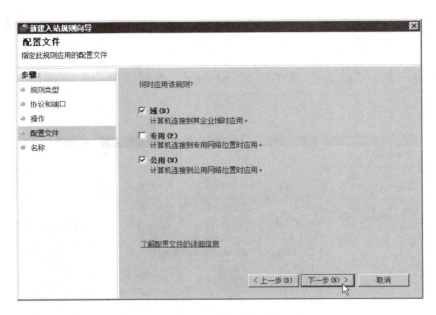

图 5-27　设置何时应用规则

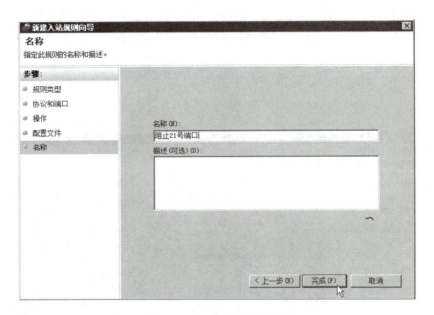

图 5-28　设置规则名称

⑥ 在"名称"文本框里输入"阻止 21 号端口"，单击"完成"按钮。默认情况下新建的规则会直接启用，如图 5-29 所示。如果没有立即启用，那么右击该选项，选择"启用规则"命令即可。

**小技巧：**

如何判断自己禁用的端口是否真的关了呢？如果计算机上安装了扫描软件，如 TCPView，那么可以运行它扫描一下，就可以看到该端口是否已经关闭。如果手头没有扫描软件，安装也不方便，还有一个更简单的方法，就是用 telnet 命令来测试相应的端口是否打

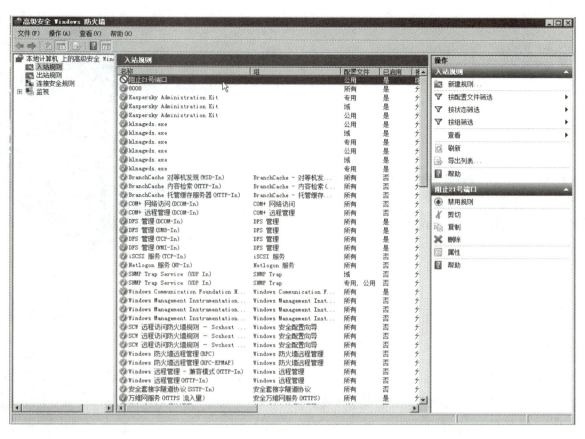

图 5-29　新规则启用界面

开。例如，要测试 21 号端口是否打开，可以在自己的计算机上或者另一台计算机上执行命令 telnet xx.xx.xx.xx（测试机器的 IP 地址）21。如果端口是打开的，会出现提示信息；如果是关闭的，则出现连接失败的提示。

## 项目小结

通过本项目的学习，大家对端口的概念有了一定的认识，通过对端口的扫描软件的应用、查看端口的状态以及关闭危险或闲置端口的练习，能够掌握防御端口扫描的攻击方法，让计算机减少被攻击的危险。

## 作业

1. 运用 SuperScan 4.0 软件发现网络上正在运行的一台机器，对其进行详尽扫描，用 HTML 格式保存扫描结果并对开放的端口号进行分析。

2. 运用所学的方法，关闭 80 号端口，并进行测试。

# 项目 6　Windows Server 2008 的安全配置

　　通过学习病毒和木马防杀方法以及养成将不用的端口关闭的习惯，小军感到要做好电脑的安全保护还是比较容易的。但电脑分为工作站和服务器两大类，平常家里用的电脑都属于工作站的范畴，网络上还有大量的服务器，服务器上的操作系统可复杂得多，要想成为合格的网管员，对服务器的安全保护也是一定要了解的。现在让我们和小军一起来了解一下服务器操作系统的安全配置基础工作吧！

# 理论认知篇　了解 Windows Server 2008 操作系统

 **知识目标**

- 了解服务器的概念
- 了解服务器上运行的操作系统
- 了解 Windows Server 2008 安全实施要点
- 了解权利和权限的概念

## 1. 什么是服务器

服务器是指在网络中拥有固定 IP 地址的计算机，它们为网络用户提供各种服务，为不同的用户实现资源共享和相互通信。

服务器按服务的类型可以分为 Web 服务器、打印服务器和文件服务器等；按应用级别又可分为入门级服务器、部门级服务器和企业级服务器等。

## 2. 服务器安装什么操作系统

操作系统是计算机系统的核心，它负责和管理整个计算机系统，实现人机交互。常见的操作系统有很多，不同环境中的计算机安装有不同的操作系统。比如，个人计算机上安装的是 Windows 7 或者较新的 Windows 8.1 操作系统，而服务器上安装的有 Windows Server 2008、UNIX 或 Linux 等操作系统。

不论采用什么操作系统，在默认的安装环境下使用都会存在一定的安全隐患，只有专门针对操作系统进行一系列的安全配置，并且不断地安装各种补丁程序，操作系统的安全才能得到相应的保障。

Windows Server 2008 是美国微软公司 2008 年推出的服务器操作系统，是 Windows Server 2003 的升级版，其安全性得到了很大的提高，被业界称之为"10 年来速度最快，安全性最高的 Windows 系统！"

## 3. Windows Server 2008 安全实施要点

如何做好 Windows Server 2008 的安全保护呢？对于初级用户来说，首先要了解一下 Windows 用户的身份验证和基于对象的访问控制机制。

当用户登录服务器的时候，提示输入用户名和密码，否则是无法登录的，这就是 Windows 的用户身份验证。为了实现用户身份验证，Windows Server 2008 主要提供了 Kerberos V5 等方式。

基于对象的访问控制则是通过 Windows Server 2008 为每一个对象分配一个安全标识符（SSID）来实现的。在安全标识符中，不同的对象对应不同的访问控制列表（ACL），访问控制列表里指明了哪些对象是可以访问的，哪些对象是不可以访问的。通过访问控制列表，Windows Server 2008 实现用户对资源的访问权限控制。

**4. 权利和权限**

Windows 操作系统中，需要正确地理解权利和权限的概念，它们代表不同的内容。"权利"（Right）针对的对象是用户，代表用户对系统进行设置或管理的能力；而"权限"（Permission）针对的对象是系统资源，代表一个用户对文件、文件夹、打印机等系统资源的访问能力。

在 Windows Server 2008 中，系统默认创建了很多权利不同的组，有 Administrators 组、Power Users 组、Users 组和 Guests 组等，每一个用户至少隶属于一个组，其中 Administrator 是系统的超级管理员，隶属于 Administrators 组，是权利最大的用户，所以该用户账户的密码要好好保管！

为不同的用户账户设置权限很重要，这样可以防止重要文件被其他人所修改，避免系统崩溃。Windows 的权限分为文件夹权限和文件权限。Windows Server 2008 要求系统分区必须为 NTFS 文件系统，它是服务器上使用最多的文件系统，其特点是安全性高。

NTFS 文件夹权限及允许用户完成的操作如表 6-1 所示。

NTFS 文件权限及允许用户完成的操作如表 6-2 所示。

表 6-1　NTFS 文件夹的权限

| NTFS 文件夹权限 | 允许用户完成的操作 |
| --- | --- |
| 读取 | 查看该文件夹中的文件和子文件夹；<br>查看文件夹的所有者权限和属性 |
| 写入 | 在该文件夹内新建文件和子文件夹；<br>更改文件夹属性，查看文件夹的所有者和权限 |
| 列出文件夹内容 | 查看该文件夹中的文件和子文件夹的名称 |
| 读取和执行 | 完成"读取"和"列出文件夹内容"权限所允许的操作；<br>允许用户把文件夹移入其他文件夹中，即使该用户没有那些文件夹的权限 |
| 修改 | 完成"写入"和"读取和执行"权限所允许的操作；<br>删除文件夹 |
| 完全控制 | 完成其他所有权限允许的操作；<br>更改权限，取得所有权和删除子文件夹和文件 |

表 6-2　NTFS 文件的权限

| NTFS 文件权限 | 允许用户完成的操作 |
|---|---|
| 读取 | 读取该文件和查看文件属性、所有者和权限 |
| 写入 | 覆盖该文件，更改文件属性和查看文件的所有者和权限 |
| 读取和执行 | 完成"读取"权限所允许的操作；<br>运行应用程序 |
| 修改 | 完成"写入"和"读取及运行"权限所允许的操作；<br>修改和删除文件 |
| 完全控制 | 完成其他所有权限允许的操作；<br>更改权限和取得所有权 |

设置权限的原则：

• 权限是累计的。一个用户同时隶属于多个组时，那么该用户拥有多个组所允许的所有权限。

• 拒绝权限优于其他权限。

• 文件权限比文件夹权限高。

**小技巧：**

为了简单有效，通常先按照用户对资源的访问需求创建不同的用户组，然后为各个用户组指定适当的权限，然后将用户添加到各个组里，就实现了用户的不同权限的管理。只在非常必要时为某个用户指定权限。

# 项目实践篇　Windows Server 2008 的安全配置

**技能目标**

• 会管理用户账户

• 会设置文件和文件夹的权限

• 会保护日志文件

## 任务 6.1　管理用户账户

▷▷ 任务分析：

在本任务中，我们将了解如何创建和管理 Windows 本地用户，认识用户组的管理意义，更为重要的是要学会通过用户策略加强用户账户的安全。

▷▷任务实施：

**1. 新建用户账户**

① 在 Windows Server 2008 系统中，以超级管理员账户登录系统，依次选择"开始"→"管理工具"→"计算机管理"命令，打开"计算机管理"窗口，如图 6-1 所示。

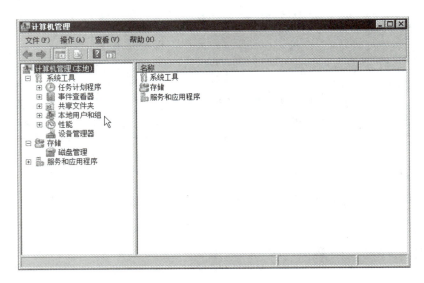

图 6-1　"计算机管理"窗口

② 依次展开"系统工具"→"本地用户和组"→"用户"选项，如图 6-2 所示。

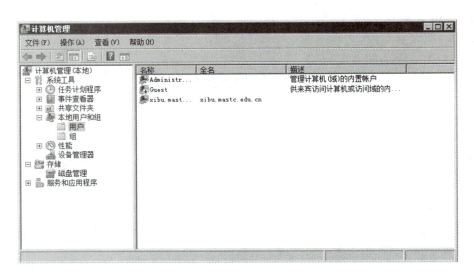

图 6-2　本地用户管理界面

③ 如图 6-3 所示，在右侧窗口空白处单击鼠标右键，从快捷菜单中选择"新用户"命令，此时系统会弹出"新用户"对话框，如图 6-4 所示。

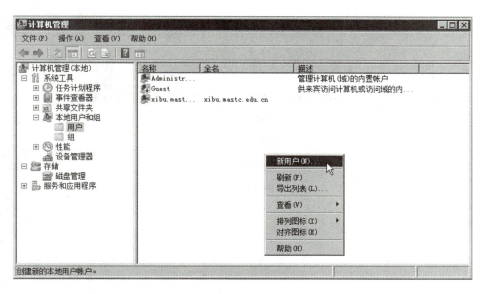

图 6-3　创建新用户

④ 在"用户名"文本框中输入新用户名"xiaojun"；在"密码"和"确认密码"文本框中，为该用户账户设置密码，两者必须相同。单击"关闭"按钮，系统就会自动创建名为"xiaojun"的用户。

除此之外，还可以进行以下几种操作：

• 用户下次登录时须更改密码。强制用户下次登录网络时修改密码。希望该用户成为唯一知道其密码的用户时，可选中该复选框。

• 用户不能更改密码。不希望用户自己设密码时，应当使用该选项。此时，必须取消选中"用户下次登录时须更改密码"复选框。

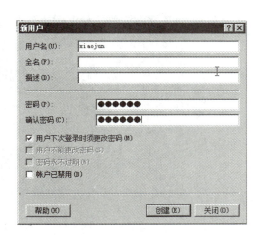

图 6-4　"新用户"对话框

• 密码永不过期。

• 账户已禁用。如果选中该复选框，则禁用该用户账户。

**2. 重设用户密码**

① 依次展开"计算机管理"→"本地用户和组"→"用户"选项，鼠标指向需要更改密码的用户账户，单击鼠标右键，如图 6-5 所示，从快捷菜单中选择"设置密码"命令，打开如图 6-6 所示的对话框。

② 单击"继续"按钮，如图 6-7 所示，在"新密码"和"确认密码"文本框中输入新密码。

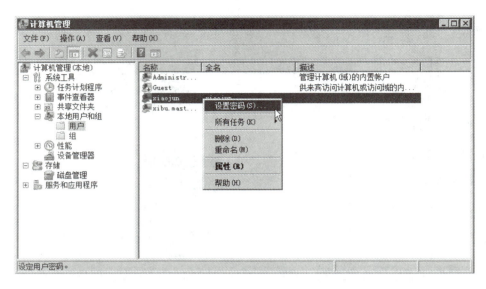

图 6-5　修改用户密码

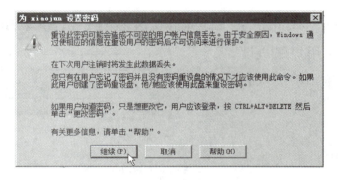

图 6-6　修改用户密码提示界面

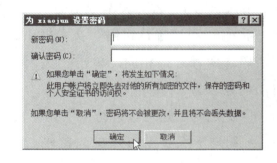

图 6-7　修改用户密码界面

③ 单击"确定"按钮，完成用户密码的修改。

**小技巧：**

你也可以以普通用户身份重设自己的密码。用需要修改密码的用户账户登录，按 Ctrl+Alt+Del 组合键，单击"更改密码"按钮，打开修改密码的对话框，只有正确地输入旧密码后，新密码才会生效。在"旧密码"文本框中输入用户账户的当前密码，在"新密码"和"确认密码"文本框中输入新的密码即可；单击"确定"按钮，修改成功。

**3. 为用户账户设置组成员**

如果想使"xiaojun"这个用户成为超级管理员，怎么办呢？很简单，只要把他添加到 Administrators 组中就可以了。

① 依次展开"计算机管理"→"本地用户和组"→"用户"选项，鼠标指向需要更改属性的用户账户，单击鼠标右键，从快捷菜单中选择"属性"命令，如图 6-8 所示。

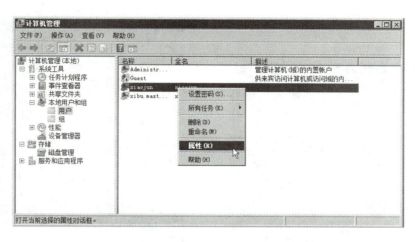

图 6-8　修改用户账户的属性

② 在属性对话框中，选择"隶属于"选项卡，如图 6-9 所示，系统已经自动将用户账户"xiaojun"加入到了"Users"组里。这是一个普通用户组，权利是有限的。单击"添加"按钮。

③ 弹出如图 6-10 所示的"选择组"对话框，单击"高级"按钮，弹出如图 6-11 所示的对话框。

图 6-9　用户属性框

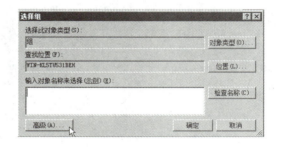

图 6-10　"选择组"对话框

④ 单击"立即查找"按钮，系统就会找到所有存在的组，如图 6-12 所示。

⑤ 选择"Administrators"组，单击"确定"按钮，系统就会将"xiaojun"这个用户账户添加到 Administrators 组中，如图 6-13 所示。

⑥ 单击"确定"按钮，如图 6-14 所示，完成用户添加到组的操作。用户"xiaojun"现在同时隶属于 Users 组和 Administrators 组，拥有这两个组的权利。

84

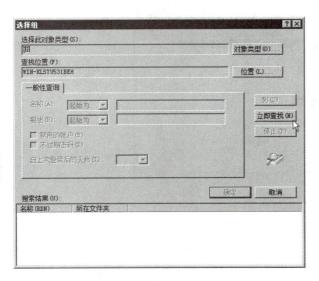

图 6-11　展开高级选项

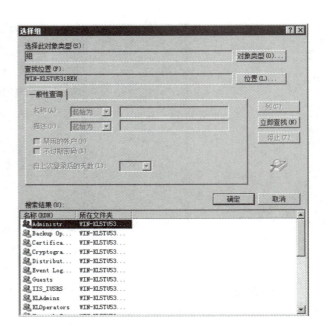

图 6-12　搜索组结果

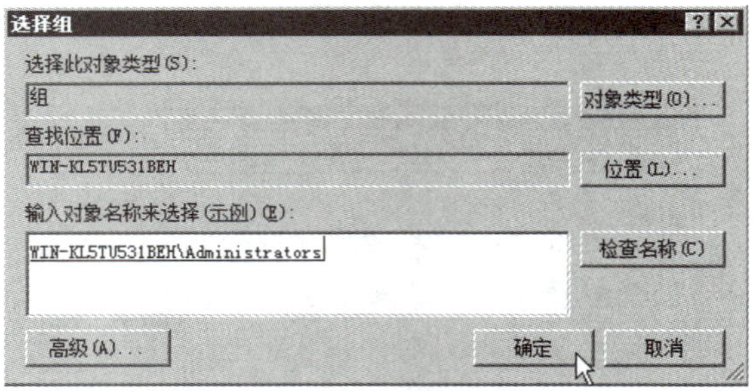

图 6-13　添加到 Administrators 组

图 6-14　添加组

**小技巧：**

通过对用户的管理可以很好地体会组的概念。比如，根据实际需要，可以将某个用户从一个组中删除或者添加到多个组里去。犹如有的人在单位里可以在几个部门里任职，拥有几个部门的权力。只要做好了对组的管理，就做好了对用户的管理。相对而言，是不是对组的管理更简单呢？

**4. 为用户账户设置策略**

系统为用户设置的用户账户策略是比较简单的，可以通过修改用户账户的策略来加强对用户账户的管理。

① 在 Windows Server 2008 的桌面上依次单击"开始"→"管理工具"→"本地安全策略"选项，打开"本地安全策略"窗口，如图 6-15 所示。

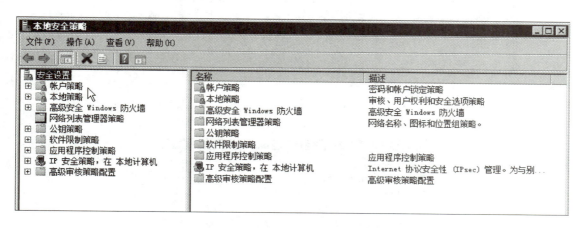

图 6-15　"本地安全策略"窗口

② 双击"账户策略"选项，再单击"密码策略"选项，打开如图 6-16 所示的密码策略选项。

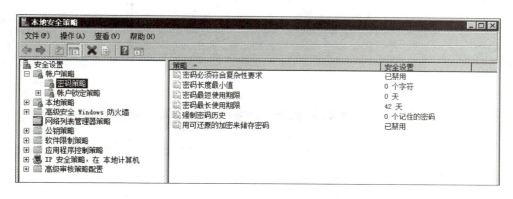

图 6-16　密码策略选项

Windows Server 2008 为用户设置了强大的密码策略，包括最小长度、使用期限、强制密码历史以及还原加密等。对密码进行策略保护是为了强制用户设置一个更加安全的密码。人们为了省事，密码设置得往往十分简单，比如"123456"等，这对系统安全非常不利。可以通过密码策略让用户必须设置一个复杂的密码。

③ 如图 6-17 所示，鼠标指向"密码长度最小值"选项，单击鼠标右键，从快捷菜单中选择"属性"选项，弹出如图 6-18 所示的对话框。

④ 将密码的长度修改为"8"，单击"确定"按钮，就看到了密码策略发生了相应的改变，如图 6-19 所示。

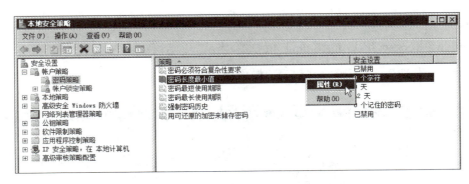

图 6-17　修改密码策略

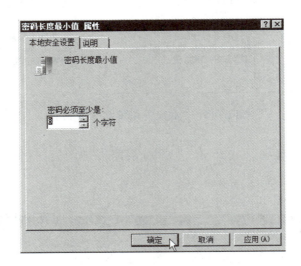

图 6-18　修改密码长度

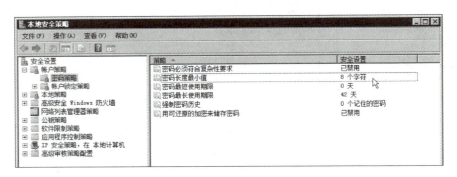

图 6-19　修改后的密码策略

⑤ 为了加强安全管理，还可以对账户进行锁定，以防止黑客长时间或反复尝试密码。单击"账户策略"下的"账户锁定策略"选项，如图 6-20 所示。

⑥ 双击"账户锁定阈值"策略，显示如图 6-21 所示的对话框。系统默认值为 0，即不限制登录次数，永远不会锁定账户。如图 6-22 所示，在其中输入"5"，单击"确定"按钮，这样当用户再次登录时，如果连续 5 次输入密码不正确，就会被锁定，提示用户不能登录。

图 6-20　设置账户的锁定策略

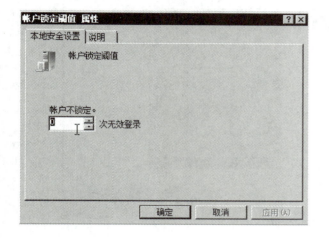

图 6-21　账户锁定阈值初始界面

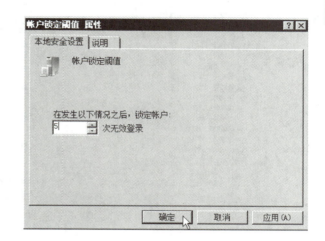

图 6-22　账户锁定阈值修改界面

**小技巧:**

为了增强账户安全, 可以对 Administrator 账户进行伪装。例如, 将系统内置的 Administrator 账户改名为 xiaoming, 然后停用 Administrator 账户, 这样黑客就很难通过管理员账户进行攻击了。大家试试吧!

# 任务6.2　设置文件和文件夹的权限

▷▷ **任务分析:**

在本任务中, 将了解如何针对不同的用户或用户组设置文件和文件夹权限。权限是 Windows 安全的一个重要概念, 只有设置正确的权限, 才可以有效保护 Windows 的资源不被非授权用户访问。

▷▷ **任务实施:**

**1. 设置文件权限**

① 以管理员账户登录系统, 打开"计算机"窗口, 如图 6-23 所示; 鼠标指向某个本地

磁盘（如 D：盘），单击鼠标右键，从弹出的快捷菜单中选择"属性"命令，打开"本地磁盘（D：）属性"对话框，如图 6-24 所示。

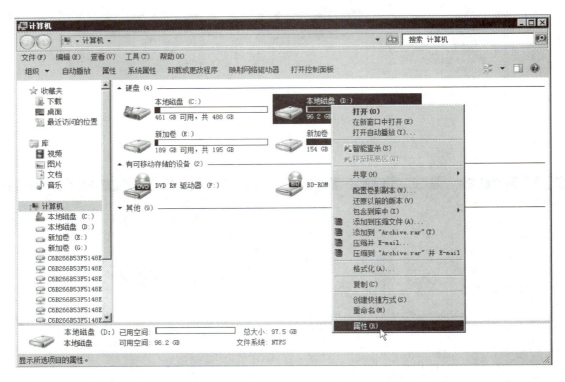

图 6-23　"计算机"窗口

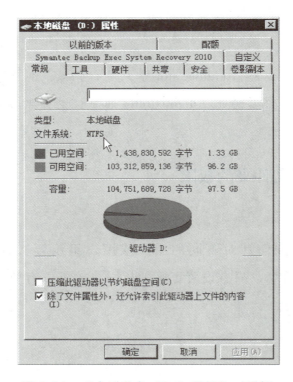

图 6-24　"本地磁盘（D：）属性"对话框

从该对话框中可以看到，当前磁盘的文件系统格式为 NTFS。因此，可以对 D：盘中的文件或文件夹设置访问权限。

② 打开 D：盘，如图 6-25 所示；鼠标指向目标文件，单击鼠标右键，从弹出的快捷菜单中选择"属性"命令，打开文件属性对话框，如图 6-26 所示。

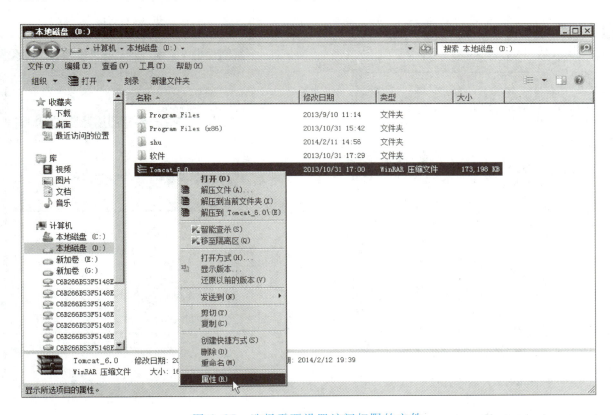

图 6-25　选择需要设置访问权限的文件

③ 单击"安全"选项卡，如图 6-27 所示。"组或用户名"列表框中列出了系统中当前有哪些用户账户对该文件具有访问权限，在权限列表框中列出了当前用户的有效权限。

④ 在"组或用户名"列表中选择用户，单击"编辑"按钮，可以在列表框中修改当前用户的权限，如图 6-28 所示。

权限有两种："允许"和"拒绝"。"允许"表示该用户拥有此项权限，"拒绝"表示用户没有这项权限。有标记"√"代表被允许或者被拒绝，没有标记"√"代表不允许或者不拒绝。从理论认识篇可知，拒绝权限优于其他权限，当明确设置了用户的某项权限被拒绝后，那么即使该用户在其他组中拥有这个权限，系统也会自动拒绝他对该文件拥有相应的权限，就如大家常说的"一票否决权"。权限也可以从父文件夹中继承得到。继承的权限在复选框以灰色标识。图 6-28 中，"SYSTEM"用户组对该文件拥有的权限都是从父文件夹中继承得到的。

　　如果要取消用户或组的权限，将其从列表中删除即可。在图 6-28 所示的对话框中，在"组或用户名"列表框中选择想要取消其权限的用户或组，然后单击"删除"按钮即可。

　　⑤ 单击"添加"按钮，弹出如图 6-29 所示的对话框；单击"高级"按钮，出现如图 6-30 所示的对话框；单击"立即查找"按钮，出现如图 6-31 所示的查找结果。

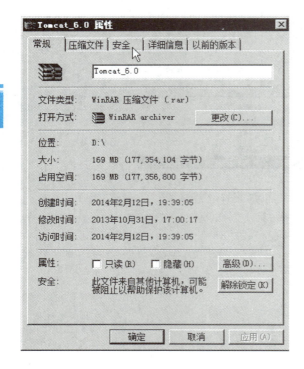

图 6-26　文件属性

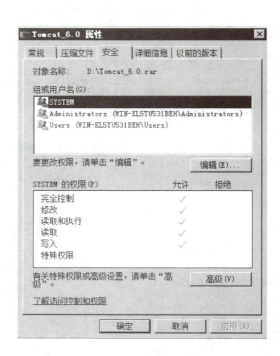

图 6-27　文件安全属性

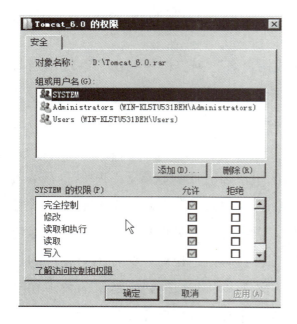

图 6-28　设置用户权限

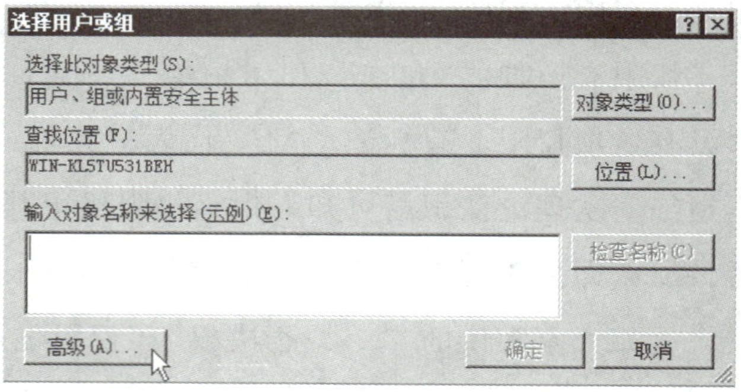

图 6-29　选择用户或组

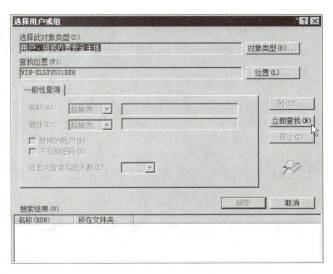

图 6-30　选择用户和组的高级选项

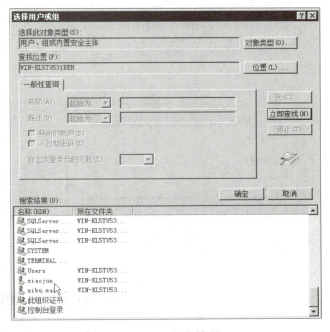

图 6-31　查找结果

⑥ 在搜索结果中，双击"xiaojun"用户；如图 6-32 所示，在"输入对象名称来选择"列表框中，系统已经将用户"xiaojun"添加进来。

⑦ 单击"确定"按钮，Windows 系统自动为用户"xiaojun"赋予"读取和执行"和"读取"权限，如图 6-33 所示。根据需要，可选择允许或拒绝某项权限，单击"应用"按钮，系统会弹出警告对话框，如图 6-34 所示。

⑧ 单击"是"按钮，完成修改，如图 6-35 所示。

⑨ 单击"确定"按钮，用户"xiaojun"就拥有了对该文件的"读取"权限，但没有"写入"权限。

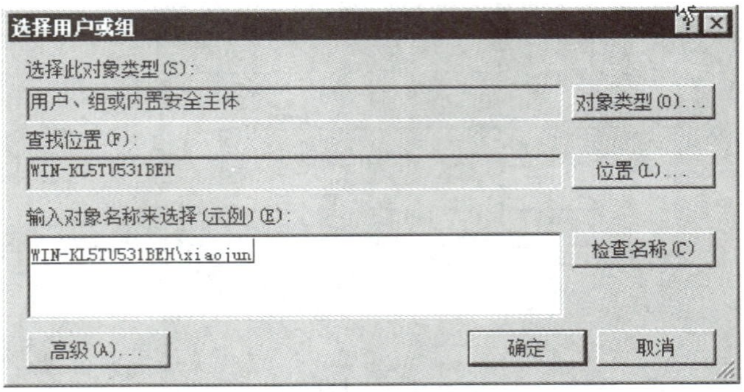

图 6-32　设置好添加的用户

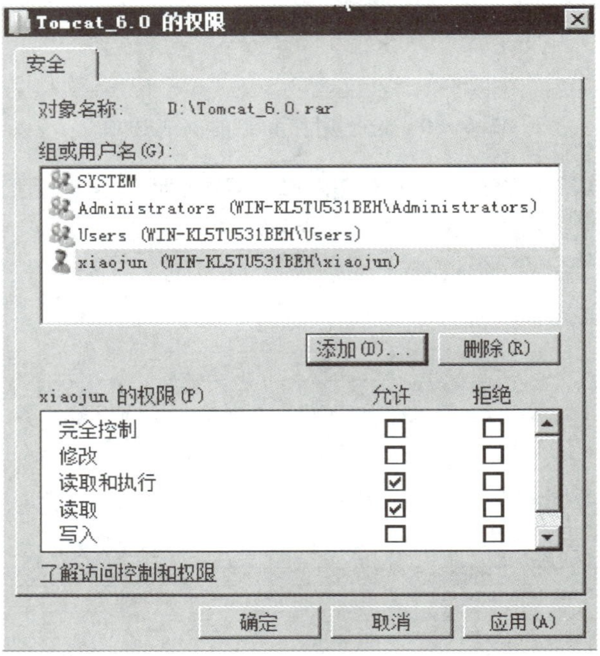

图 6-33　"xiaojun" 的默认权限

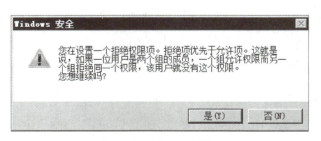

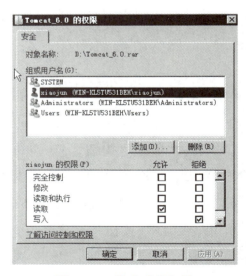

图 6-34　警告对话框　　　　　图 6-35　修改后的权限

### 2. 设置文件夹的权限

文件夹权限的设置方法与文件权限的设置基本上是一样的。鼠标指向需要设置的文件夹，单击鼠标右键，如图 6-36 所示，从快捷菜单中选择"属性"命令；在打开的文件夹属性对话框中，单击"安全"选项卡，如图 6-37 所示。可以看到，此对话框与文件属性对话框（图 6-27）类似，只是在权限列表框中多了一个"列出文件夹内容"权限，这也是设置文件夹和文件权限的最大区别，文件的权限高于文件夹的权限。

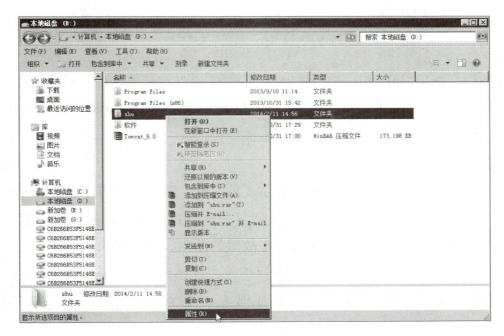

图 6-36　选中需要设置的文件夹

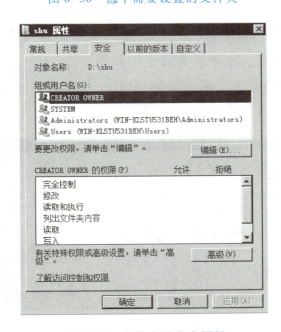

图 6-37　文件夹的安全属性

**小技巧：**

（1）尽量不要采用直接为文件设置权限的方式，而应当将文件置于文件夹中，再对文件夹设置权限。

（2）尽量不要采用直接对单个用户设置权限的方式，而应该将单个用户置于用户组中，再对用户组设置相应权限。

## 任务 6.3　保护日志文件

▷▷任务分析：

在本任务中，我们将认识日志文件的重要性，并通过对日志文件采用几种保护方法，来加强对 Windows 系统的管理能力。同时，通过 Windows Server 2008 系统自带的备份软件 Windows Server Backup，实现日志文件的异地备份。

▷▷任务实施：

Windows 系统中，日志文件是一些非常重要的文件，其中记录着 Windows 系统中各项服务的每一个细节，如系统的启动、运行、关闭等信息，以及发生的错误和故障。通过查看 Windows 日志，可以在短时间内找出系统出现故障的原因，找到解决问题的方法。但日常工作中，网络管理员也容易忽视对日志文件的保护，当黑客成功入侵系统后，他们在临走前都会把日志文件删除，也就是常说的"清除犯罪现场"，使管理员很难发觉，给系统的安全造成严重的威胁。

**1. 修改日志文件存放目录**

Windows 日志文件默认存放路径是"%SystemRoot%\system32\config"，可以通过修改注册表来改变它的默认存放路径，来增强对日志的保护。

① 在 Windows Server 2008 中，单击"开始"→"运行"命令，在弹出的对话框中输入"regedit"，如图 6-38 所示。

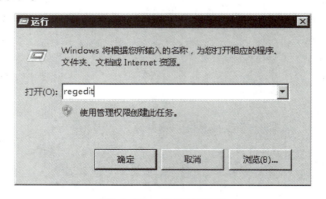

图 6-38　启动注册表

② 单击 "确定" 按钮,打开 "注册表编辑器" 窗口,依次展开 HKEY_LOCAL_MACHINE→SYSTEM→CurrentControlSet→Services→eventlog 节点,其中 Application、Security、System 项分别保存着应用程序日志、安全日志、系统日志,如图 6-39 所示。

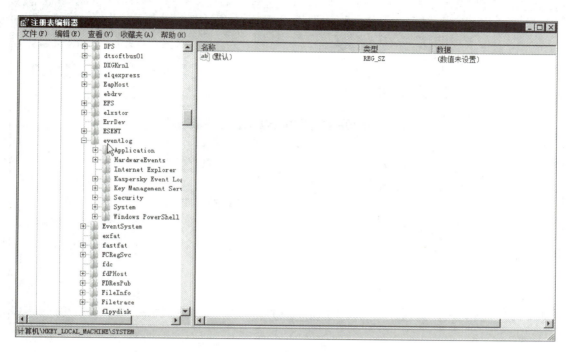

图 6-39  注册表编辑器

③ 单击 Application 子项,在右窗格中找到 File 值,如图 6-40 所示。

图 6-40  修改应用程序日志

④ 双击值名称 File，将其数值数据修改为"D：\backup\Application.evtx"，如图 6-41 所示。

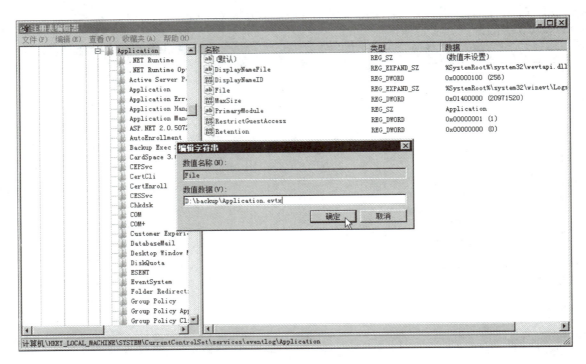

图 6-41　修改日志文件的存放目录

⑤ 单击"确定"按钮，就完成了将应用程序日志转移到"D:\backup"目录下存放的任务。

**2. 设置日志文件访问权限**

虽然修改了日志文件的默认存放位置，但还是不够安全，黑客还可以通过清空日志文件的方法隐藏自己的痕迹。可以结合任务 6.2 的内容，修改日志文件的文件夹权限，使得黑客无法修改或删除日志文件。

① 单击日志文件的文件夹"D:\backup"，单击鼠标右键，从快捷菜单中选择"属性"命令，单击"安全"选项卡，如图 6-42 所示。

② 单击"高级"按钮，弹出如图 6-43 所示的对话框。

③ 单击"更改权限"按钮，弹出如图 6-44 所示的对话框。

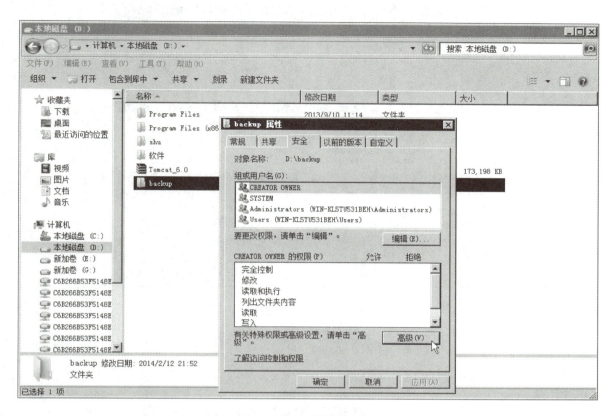

图 6-42　backup 文件夹的安全权限

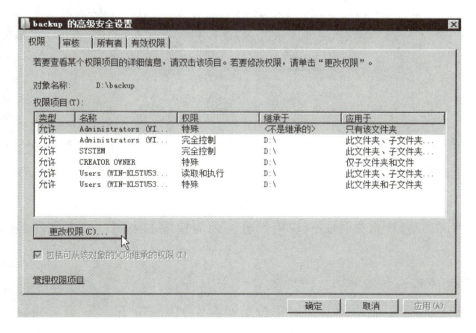

图 6-43　高级安全设置

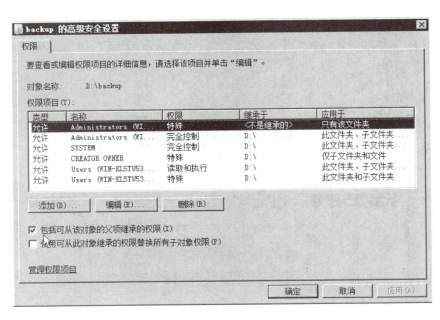

图 6-44    更改权限

④ 取消选中"包括可从该对象的父项继承的权限"复选框，系统会弹出如图 6-45 所示的"Windows 安全"对话框。

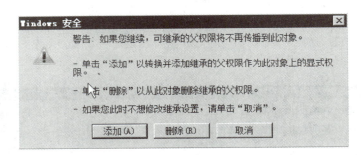

图 6-45    安全警告

⑤ 单击"删除"按钮，回到"D:\backup"文件夹的安全选项，如图 6-46 所示。

⑥ 单击"编辑"按钮，只赋予这个组"读取和执行""列出文件夹内容""读取"和"写入"的权限，如图 6-47 所示。

此时，就完成了对日志文件夹的权限设置。因为权限的限制，日志文件的内容就无法被清空了。

### 3. 日志文件的备份

再好的保护措施也不能缺少备份。备份是安全保护措施的最后一道防线，也是最有效的防线！虽然通过前面的保护，已经给日志文件加上了多重防护，但有能力的黑客还是可以删除日志文件本身的。因此，如果能自动备份日志文件，就后顾无忧了。

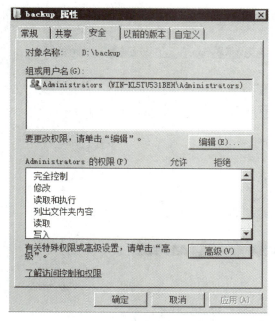

图 6-46　修改后的 backup 文件夹属性

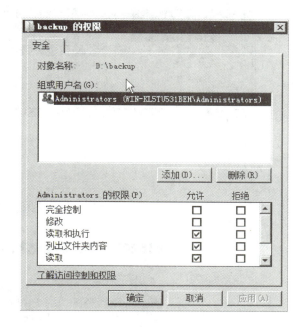

图 6-47　完成后的权限

常用的备份软件很多，Windows Server 2008 自带的备份软件就可实现日志文件的自动备份。

① 在 Windows Server 2008 系统里以管理员账户登录，依次选择"开始"→"管理工具"→"Windows Server Backup"，弹出如图 6-48 所示的 Windows Server Backup 窗口。

图 6-48　Windows Server Backup 窗口

② 如图 6-49 所示，单击"操作"菜单，选择"备份计划"，打开"备份计划向导"，如图 6-50 所示。

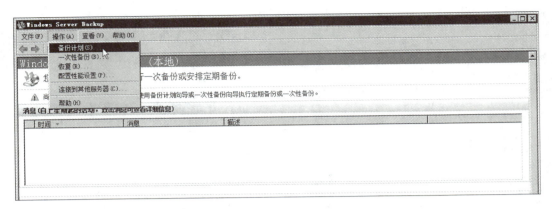

图 6-49　选择"备份计划"命令

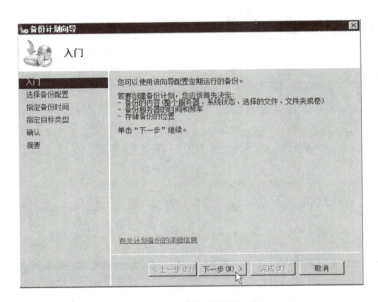

图 6-50　备份计划向导

③ 单击"下一步"按钮，进入"选择备份配置"界面，如图 6-51 所示。

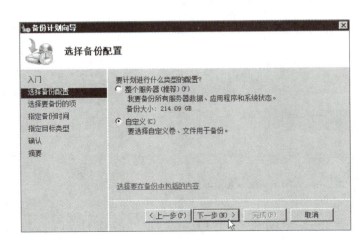

图 6-51　选择备份配置

④ 选择"自定义"选项，单击"下一步"按钮，进入"选择要备份的项"界面，如图 6-52 所示。

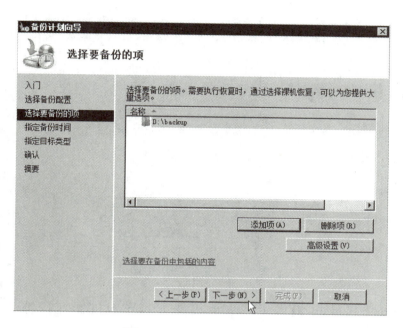

图 6-52　选择要备份的项

⑤ 单击"添加项"按钮，将日志文件的存放目录"D:\backup"选中为备份项，单击"下一步"，进入"指定备份时间"界面，如图 6-53 所示。

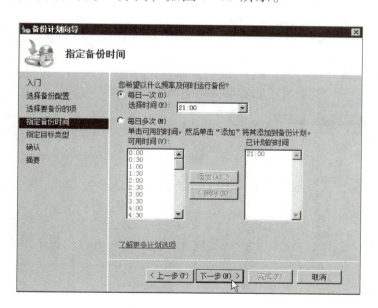

图 6-53　指定备份时间

⑥ 选择每日晚上 21:00 系统自动备份一次。也可以根据实际需要修改备份时间和次数。单击"下一步"按钮，进入"指定目标类型"界面，如图 6-54 所示。

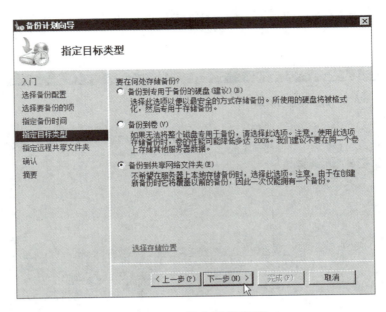

图 6-54　指定目标类型

⑦ Windows Server Backup 提供了在本地机器上和异地机器上备份的方式。为了安全，可以将备份文件放在另一台机器上，实现异地备份，所以选择"备份到共享网络文件夹"选项，单击"下一步"按钮，进入"指定远程共享文件夹"界面，如图 6-55 所示。

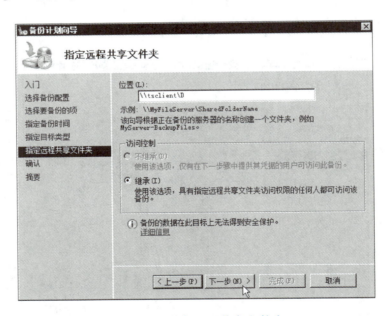

图 6-55　指定远程共享文件夹

⑧ 在"位置"文本框中，输入网络中另一台服务器上的文件夹的路径，用于存放备份文件。单击"下一步"按钮，系统会检查共享文件夹是否能正常连接，如果连接正常，系统会显示"确认"界面，如图 6-56 所示。

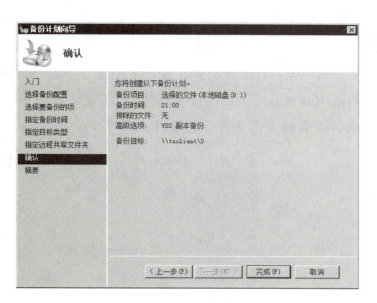

图 6-56　确认

⑨ 若确认没有问题，单击"完成"按钮，整个备份计划就制订完成了。

**小技巧：**

Windows Server Backup 可以针对文件、卷或者整台服务器进行备份，功能十分强大。那么能对 Windows 的用户账户和密码进行备份吗？Windows Server 2008 也提供了实用的小工具。

打开 Windows Server 2008 系统桌面的"开始"菜单，选择"运行"命令，在"运行"对话框中输入"credwiz"命令，单击"确定"按钮后，在打开的对话框中选中"备份存储的用户名和密码"，单击"下一步"按钮，在其后界面中单击"浏览"按钮，选择保存用户账户的文件名称以及保存位置，之后单击"保存"按钮。现在 Windows Server 2008 系统下创建的所有用户账户信息都将被自动保存到特定的文件中了。这是 Windows Server 2008 的新功能，大家不妨也试一试吧！

 **项目小结**

通过本项目的学习，大家掌握了 Windows Server 2008 的安全配置的基础，学习了用户的管理、权限的管理以及日志的管理，为以后成为一个合格的网络管理员奠定了基础。但 Windows Server 2008 的管理远不止这些，下个项目中，将介绍组策略的管理。

 **作业**

1. 创建用户"王刚"，要求用户密码为 8 位以上，每隔 30 天更改一次密码，密码不能重复使用，同时将"王刚"添加到"市场部"组里。

2. 在 D：盘创建"scuser"文件夹，要求用户"王刚"对该文件夹具有除"完全控制"以外的所有权限；创建"swuser"文件夹，要求用户"王刚"对该文件夹无任何访问权限。最后用"王刚"用户登录测试效果。

3. 找到计算机中默认存放的日志文件，将其存放在 E：盘的"rzbk"文件夹里。

# 项目 7  组策略的应用

在项目 6 中，通过注册表编辑器修改了日志文件的默认保存位置，但当打开注册表时，发现里面尽是字符列表，非常复杂！虽然通过注册表还可以实现 Windows 系统的高级设置，但小军觉得学习起来还是很难的。难道没有更直观、更简单的方法吗？有，那就是组策略，有了它，就如有了一把钥匙，能够打开 Windows 高级设置的神奇之门。

# 理论认知篇　组策略及其管理模板

**知识目标**

- 了解组策略的概念
- 了解组策略的管理模板
- 了解计算机配置与用户配置

## 1. 什么是组策略

说到组策略，就不得不提注册表。注册表是 Windows 系统的灵魂，它保存了 Windows 系统中几乎所有的配置参数，随着 Windows 功能的越来越丰富，注册表里的配置也越来越复杂。虽然很多配置都是可以手工修改，但它们在注册表的各个角落，如果是手工配置，不深入了解，盲目修改就会造成注册表损坏，Windows 无法再次启动。而组策略则将系统重要的配置功能汇集成各种配置模块，供人们直接调用，避免人为损坏注册表，从而方便了管理。因此，简单地说，组策略就是通过更完善的管理方法来修改注册表中的配置。学会运用组策略，可以更好地管理和配置 Windows 系统，使得系统更安全、更强大。

在 Windows Server 2008 和 Windows 7 的环境中，组策略在功能特性上都有了不少的扩大与加强。目前已有超过 5 000 个设置，拥有更多的管理能力。

## 2. 组策略的管理模板

在 Windows XP/2003 目录中包含了几个 .adm 文件。这些文件是文本文件，称为"管理模板"，它们为组策略管理模板项目提供策略信息。

在 Windows 9x 系统中，默认的 admin.adm 管理模板与策略编辑器保存在同一个文件夹中。而在 Windows XP/2003 的系统文件夹的 inf 文件夹中，包含了默认安装的 4 个模板文件：

- System.adm：默认情况下安装在组策略中，用于系统设置。
- Inetres.adm：默认情况下安装在组策略中；用于 Internet Explorer 策略设置。
- Wmplayer.adm：用于 Windows Media Player 设置。
- Conf.adm：用于 NetMeeting 设置。

## 3. 计算机配置与用户配置

组策略分为"计算机配置"和"用户配置"两类，它们有什么区别呢？"计算机配置"是对整个计算机中的系统配置进行设置的，它对当前计算机中所有用户的运行环境都起作用；而"用户配置"则是对当前用户的系统配置进行设置的，它仅对当前用户起作用。例如，两者都提供了"停用自动播放"功能的设置，如果是在"计算机配置"中选择了该功能，那么所有 Windows 登录用户的光盘自动运行功能都会停用；如果是在"用户配置"中选择了此项功能，那么仅仅是该用户登录后的光盘自动运行功能停用，以其他用户登录后该功能是不受影响的。

在设置时一定注意这一点，弄明白设置针对的对象。

# 项目实践篇　组策略的访问与设置

## 任务 7.1　访问组策略

▷▷**任务分析：**

本任务将通过命令和控制台两种方式访问组策略。Windows 的控制台就如操作台，而各个 Windows 的管理单元就如一个个工件，学会使用控制台，就掌握了进入各个管理单元的方法。

▷▷**任务实施：**

**1. 通过 gpedit. msc 命令访问组策略**

① 在 Windows Server 2008 系统里以管理员账户登录，依次单击"开始"→"运行"命令，在弹出的"运行"对话窗口中输入命令"gpedit. msc"，如图 7-1 所示。

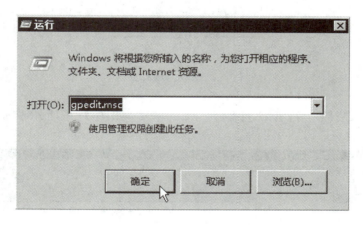

图 7-1　输入 gpedit. msc 命令

② 单击"确定"按钮，打开如图 7-2 所示的"本地组策略编辑器"窗口，在左窗格中可以看到组策略的树状目录结构，它由"计算机配置"和"用户配置"两大节点组成。

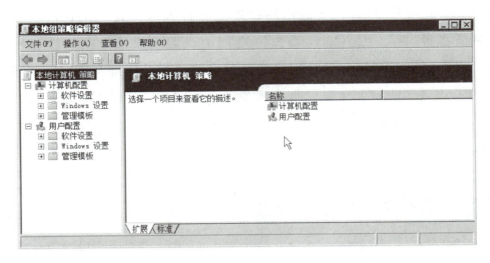

图 7-2　本地组策略编辑器

**2. 通过控制台访问组策略**

① 在 Windows Server 2008 系统里以管理员账户登录，依次单击"开始"→"运行"命令，在弹出的"运行"对话窗口中输入命令"mmc"，如图 7-3 所示。

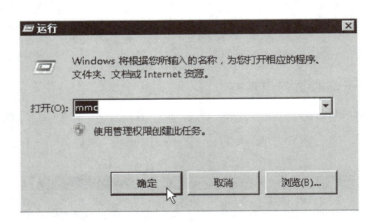

图 7-3　输入 MMC 命令

② 单击"确定"按钮，打开"控制台 1"窗口，如图 7-4 所示。

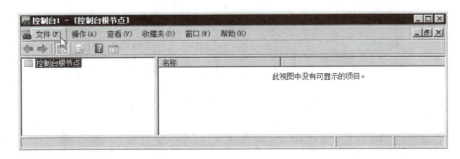

图 7-4　控制台界面

③ 如图 7-5 所示，单击"文件"菜单，从下拉菜单中选择"添加/删除管理单元"命令，在弹出的"添加或删除管理单元"对话框左边的"可用的管理单元"列表框中选择"组策略对象编辑器"选项，如图 7-6 所示。

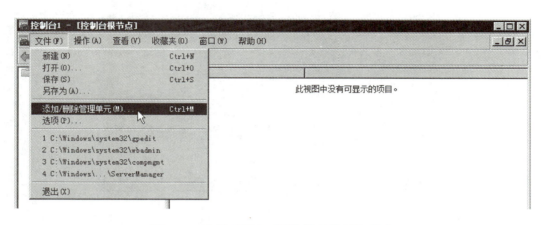

图 7-5　选择"添加/删除管理单元"命令

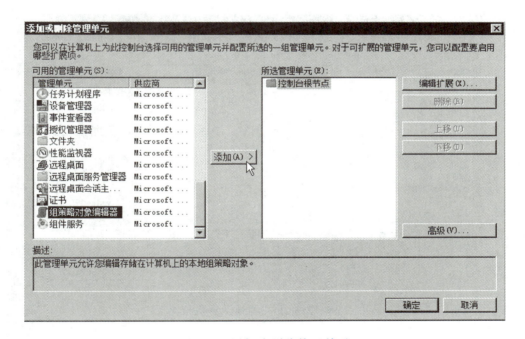

图 7-6　添加或删除管理单元

④ 单击"添加"按钮，打开"选择组策略对象"对话框，如图 7-7 所示。单击"完成"按钮，返回"添加或删除管理单元"对话框，如图 7-8 所示。

⑤ 单击"确定"按钮，即可打开图 7-2 所示的本地组策略编辑器。

**3. 设置网络上的计算机组策略**

① 在图 7-7 所示的"选择组策略对象"对话框中，单击"浏览"按钮，打开如图 7-9 所示的"浏览组策略对象"对话框。在"计算机"选项卡中，单击"浏览"按钮。

110

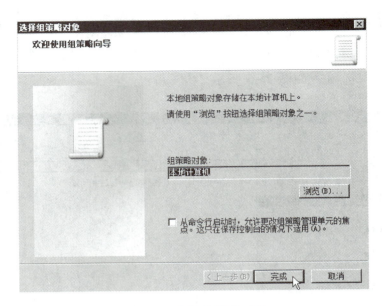

图 7-7   选择组策略对象

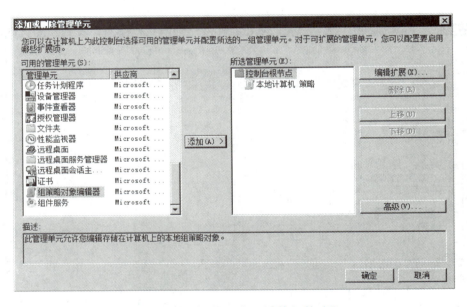

图 7-8   添加了"本地计算机策略"

图 7-9   浏览组策略对象

② 打开"选择计算机"对话框，如图 7-10 所示，单击"高级"按钮，打开图 7-11 所示的对话框。

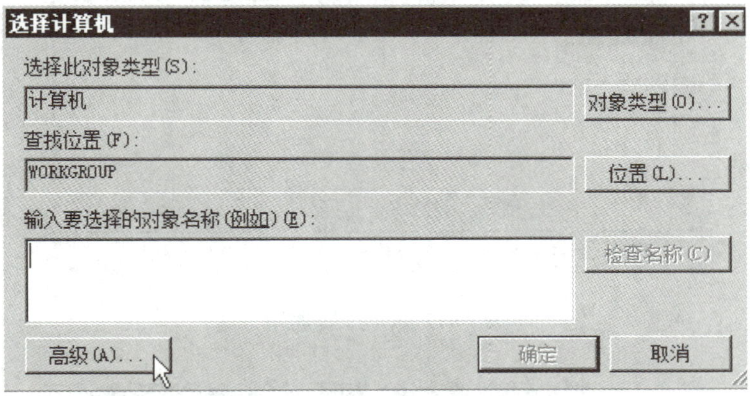

图 7-10　选择计算机

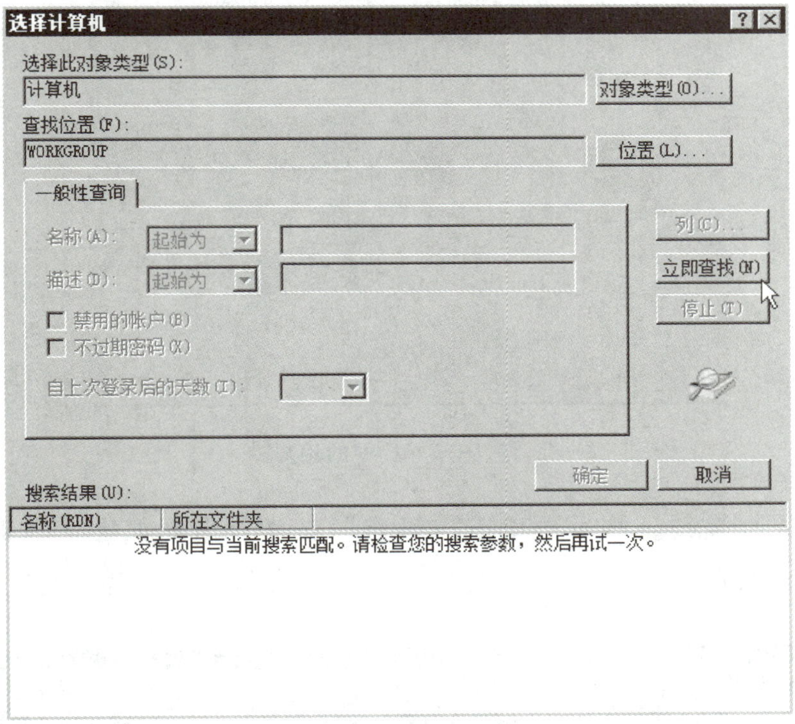

图 7-11　查找网络中其他的计算机

③ 单击"立即查找"按钮，系统会自动找到当前网络中其他的计算机，选中要设置的计算机，单击"确定"按钮即可。

④ 如果需要对本地计算机上的非当前用户进行配置，在图 7-9 所示的对话框中，选择"用户"选项卡，如图 7-12 所示。系统会列出本地计算机上的所有用户，选中需要配置的用户名，如"xiaojun"，单击"确定"按钮，如图 7-13 所示。

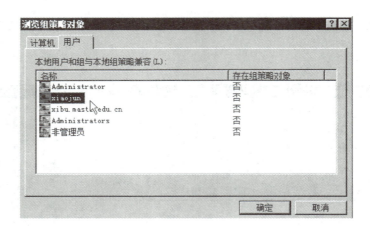

图7-12 选择其他用户

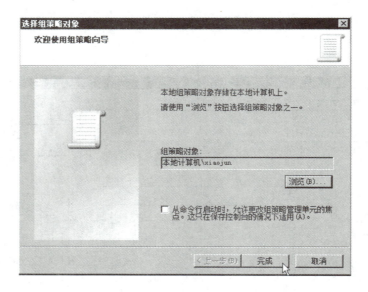

图7-13 选中的用户

⑤ 单击"完成"按钮，然后再单击"确定"按钮，出现如图7-14所示界面。比较图7-14与图7-2，就明白了"计算机配置"与"用户配置"的不同含义。

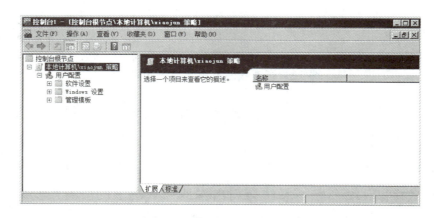

图7-14 其他用户的组策略配置

## 任务 7.2 组策略的基本配置技巧

▷▷ 任务分析：

本任务中，将通过组策略中"用户配置"中的管理模板来完成组策略的基本配置。模板里有很多的其他配置，用户可以根据自己的需要选择启用与否，从而实现对 Windows 系统的更好的保护。

▷▷ 任务实施：

### 1. 修改"'开始'菜单和任务栏"项目

① 在"本地组策略编辑器"窗口的左窗格中，依次展开"用户配置"→"管理模板"→"'开始'菜单和任务栏"节点，在右窗格中能看到"'开始'菜单和任务栏"节点下的具体设置，双击某选项时会发现其状态处在"未被配置"状态，如图 7-15 所示。

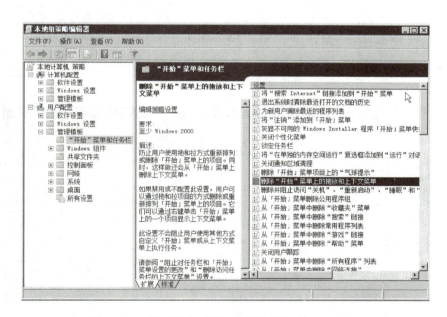

图 7-15 "'开始'菜单和任务栏"的配置界面

② 在右窗格中双击"从「开始」菜单中删除'文档'图标"选项，如图 7-16 所示。

③ 弹出如图 7-17 所示的对话框，选择"已启用"单选按钮，然后单击"确定"按钮，这样在"开始"菜单中"文档"图标将会隐藏。

④ 如图 7-18 所示，双击"不保留最近打开文档的历史"选项，可以设置不保存最近打开的文档记录。

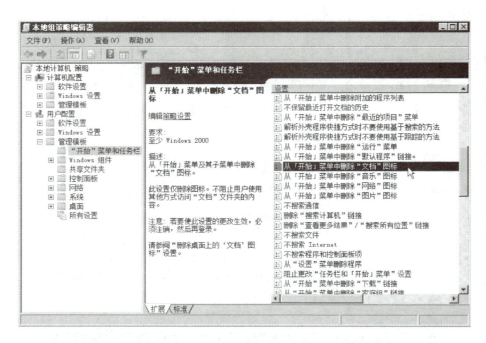

图 7-16　双击"从「开始」菜单中删除'文档'图标"选项

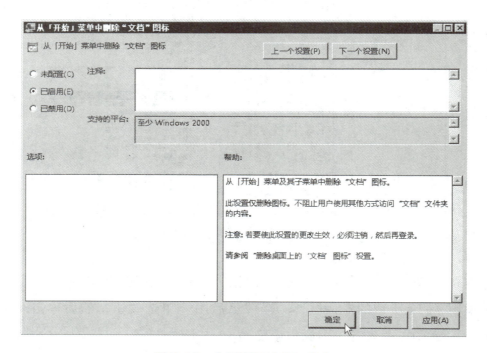

图 7-17　启用配置过的组策略

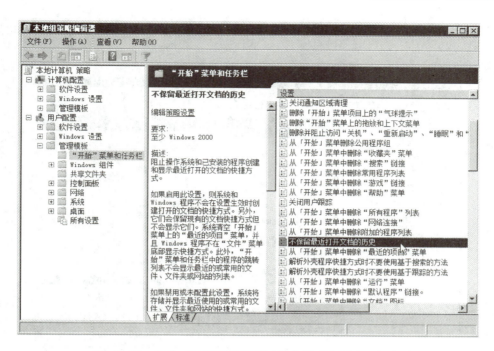

图 7-18 双击"不保留最近打开文档的历史"选项

⑤ 如图 7-19 所示，在弹出的对话框中选择"已启用"单选按钮，然后单击"确定"按钮。

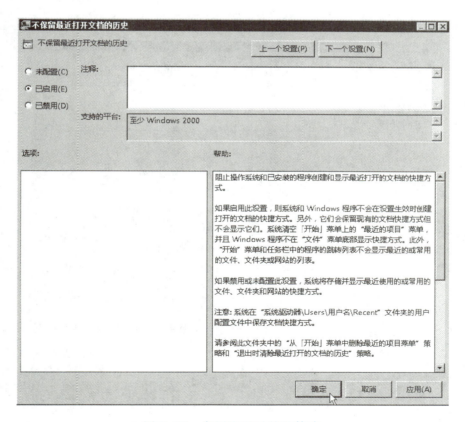

图 7-19 启用配置过的组策略

⑥ 如图 7-20 所示，双击"强制经典「开始」菜单"，可以强制用户使用经典"开始"菜单。

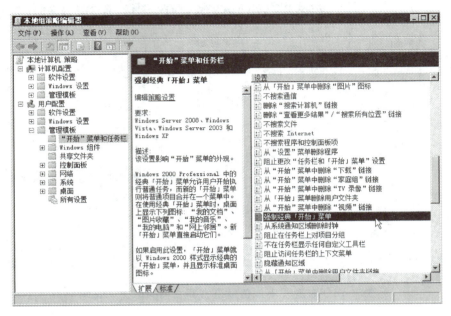

图 7-20　双击"强制经典「开始」菜单"选项

⑦ 在弹出的对话框中选择"已启用"单选按钮，然后单击"确定"按钮，如图 7-21 所示。

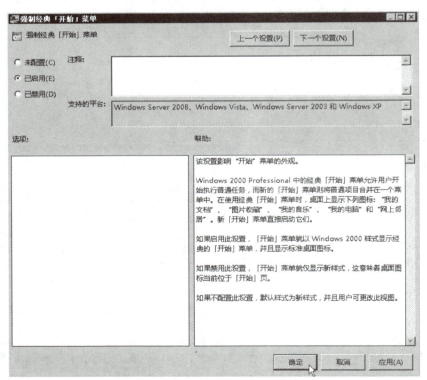

图 7-21　启用配置过的组策略

**2. 修改"桌面"项目**

① 在"本地组策略编辑器"窗口的左窗格中依次展开"用户配置"→"管理模板"→"桌面"节点，便可看到"桌面"节点下面的所有设置和子节点，如图 7-22 所示。

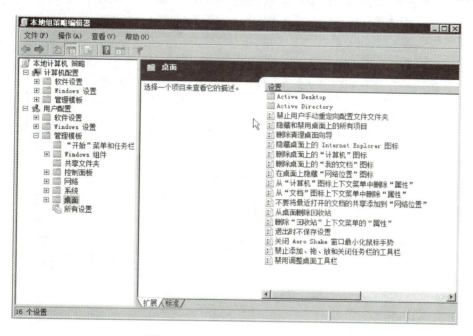

图 7-22　"桌面"的配置界面

② 如图 7-23 所示，单击左窗格中的"桌面"选项，在右窗格中通过双击启用"退出时不保存设置"选项。

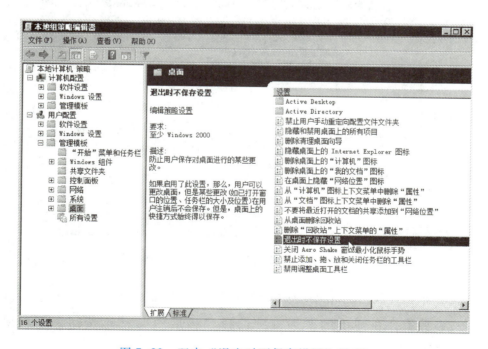

图 7-23　双击"退出时不保存设置"选项

117

③ 如图 7-24 所示，在弹出的对话框中选择"已启用"，然后单击"确定"按钮，之后用户将不能保存对桌面的更改。

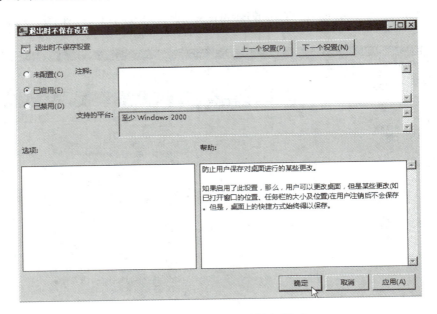

图 7-24 启用配置过的组策略

## 3. 修改"控制面板"项目

① 在"本地组策略编辑器"窗口左窗格中依次展开"用户配置"→"管理模板"→"控制面板"节点，便可看到"控制面板"节点下面的所有设置和子节点，如图 7-25 所示。

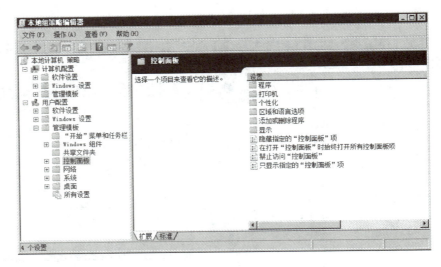

图 7-25 "控制面板"的配置界面

② 如图 7-26 所示，双击右窗格中的"禁止访问'控制面板'"选项。

③ 如图 7-27 所示，在弹出的对话框中选择"已启用"单选按钮，然后单击"确定"按钮，用户将不能使用"控制面板"。

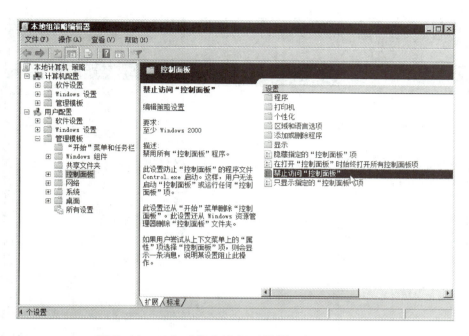

图 7-26 双击"禁止访问'控制面板'"选项

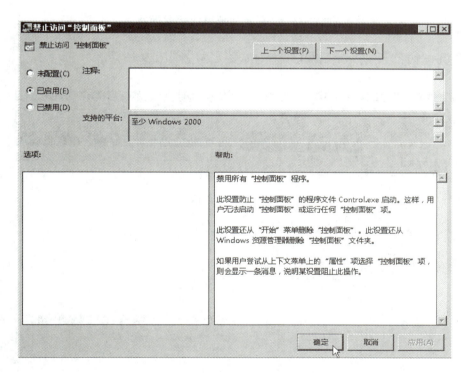

图 7-27 启用配置过的组策略

### 4. 修改"系统"项目

① 在"本地组策略编辑器"窗口左窗格中依次展开"用户配置"→"管理模板"→"系统"节点，便可看到"系统"节点下面的所有设置和子节点，如图 7-28 所示。

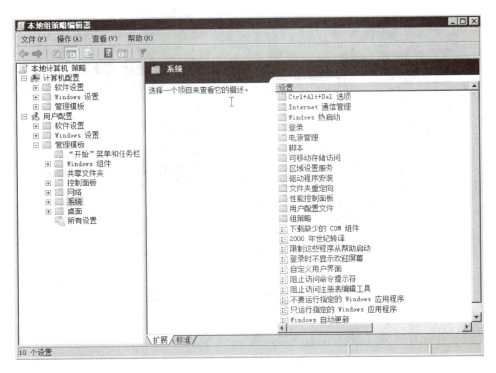

图 7-28　"系统"项目的配置界面

② 双击"阻止访问注册表编辑工具"选项，如图 7-29 所示。

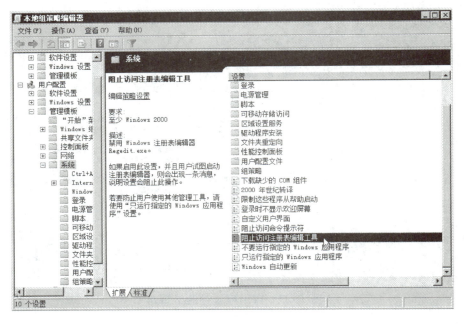

图 7-29　双击"阻止访问注册表编辑"选项

③ 如图 7-30 所示，在弹出的对话框中选择"已启用"单选按钮，然后单击"确定"按钮。

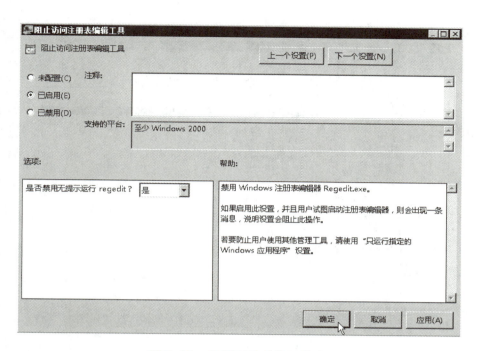

图 7-30　启用配置过的组策略

## 任务 7.3　组策略的高级配置技巧

▷▷ 任务分析：

在这个任务中，将学习如何通过组策略来实现 Windows 的 3 个高级安全设置。组策略的功能强大，在今后的学习和工作中，要通过不断的学习，运用组策略建立起 Windows 自身的防御屏障！

▷▷ 任务实施：

### 1. 对重要文件夹进行安全审核

Windows Server 2008 系统可以对文件、文件夹、注册表项和打印机等事件进行审核。通过安全审核，能有效保证重要文件夹的访问安全性，使其他非法攻击者无法轻易对其进行访问。

① 在"本地组策略编辑器"窗口的左窗格中，依次展开"计算机配置"→"Windows 设置"→"安全设置"→"本地策略"→"审核策略"节点，如图 7-31 所示。

② 在右窗格中找到"审核对象访问"选项，当前"安全设置"为"无审核"；鼠标指向它，并单击鼠标右键，从快捷菜单中选择"属性"命令，打开"审核对象访问 属性"对话框，如图 7-32 所示。

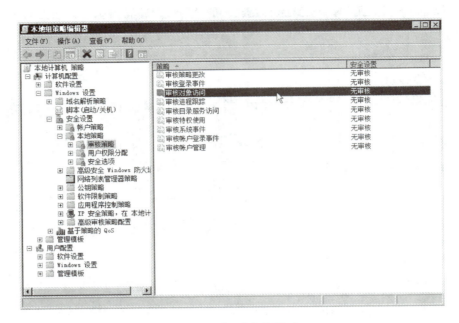

图 7-31　打开审核策略

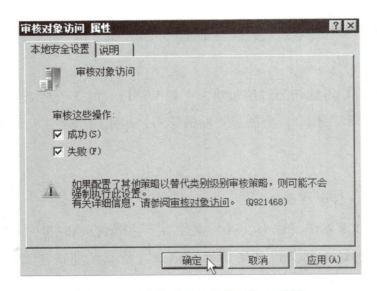

图 7-32　"审核对象访问属性" 对话框

③ 选中"成功"和"失败"复选框，再单击"确定"按钮，就可看到当前系统会对"审核对象访问"的成功或失败进行审核，如图 7-33 所示。此时，系统会对用户访问文件、文件夹、注册表项和打印机等事件，无论成功与失败，都会被 Windows Server 2008 系统自动记录并保存到日志文件中的安全日志中，如图 7-34 所示。

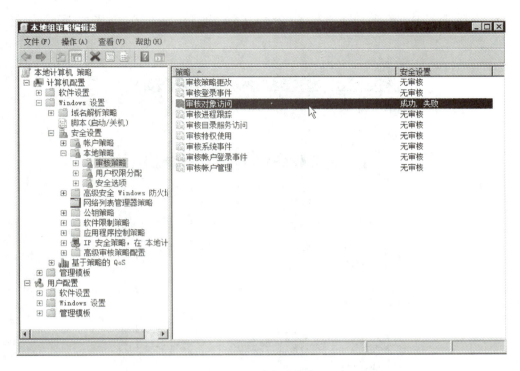

图 7-33　设置成功

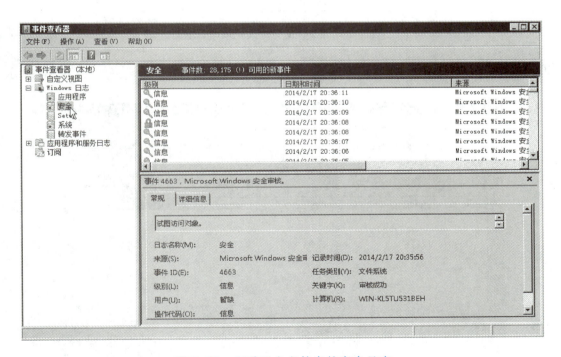

图 7-34　查看日志文件中的安全日志

④ 下面对"D:\backup"这个重要文件夹进行安全审核设置。鼠标指向此文件夹，单击鼠标右键，从快捷菜单中选择"属性"命令，在弹出的对话框中单击"安全"选项卡，如图 7-35 所示。

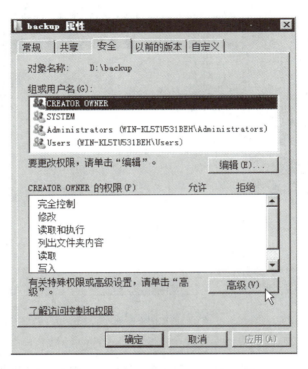

图 7-35　backup 文件夹的安全属性

⑤ 单击"高级"按钮，在打开的对话框中选择"审核"选项卡，如图 7-36 所示。

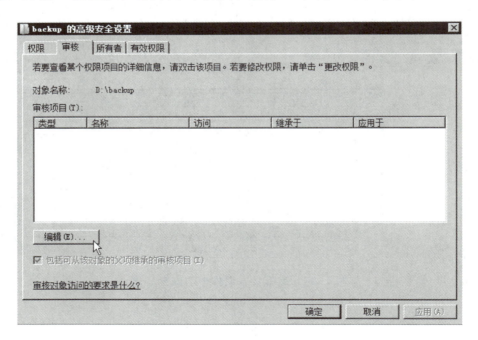

图 7-36　backup 文件夹的高级安全设置

⑥ 单击"编辑"按钮，弹出如图 7-37 所示的对话框。

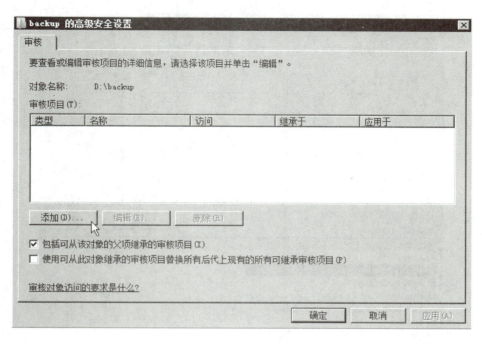

图 7-37　backup 的高级安全设置

⑦ 单击"添加"按钮，弹出如图 7-38 所示的"选择用户或组"对话框；单击"高级"按钮，单击"立即查找"按钮，系统会显示出所有的用户和用户组名，如图 7-39 所示。

⑧ 选中需要进行审核的用户或用户组（如 Administrators 组），单击"确定"按钮，弹出审核项目对话框，如图 7-40 所示。

⑨ 在这里可以对此用户组（如 Administrators 组）选择所需审核的文件权限，然后单击"确定"按钮即可。

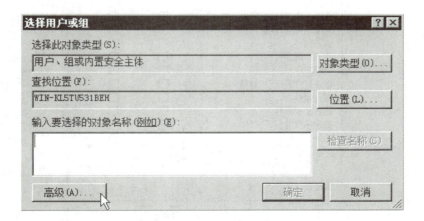

图 7-38　选择用户和组

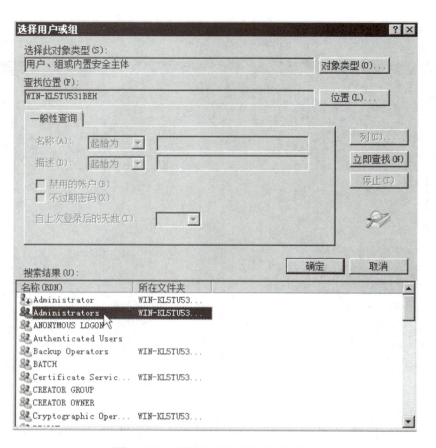

图 7-39　选择用户和组的高级设置

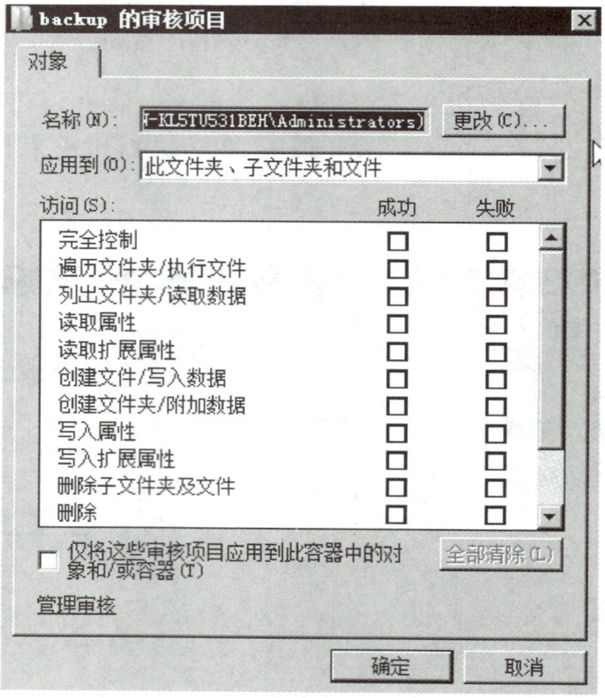

图 7-40　backup 的审核项目

以后，Administrators 组中的用户登录系统后对 backup 文件夹所做的需要审核的权限都会记录在日志文件中供查询。当然，可以对所有的组和用户都设置为审核相应的权限，以后"谁动了我的电脑"这个问题就很容易找到答案了。

**小技巧：**

审核设置里还可以对很多其他类型的事件进行审核，如审核登录事件、审核账户管理、审核策略更改等，大家去试一试吧！不过启用了审核机制，系统的日志文件会记录下每一次需要审核的事件，其容量会逐渐变大，占用越来越多的磁盘空间。因此应关闭不必要的审核。

**2. 禁止 U 盘病毒"乘虚而入"**

现在很多用户都是通过 U 盘来实现数据交换，虽然带来了方便，但也增加了感染病毒的概率。对于 Windows Server 2008 系统来说，该采取什么措施来禁止 U 盘病毒"乘虚而入"呢？很简单，通过设置 Windows Server 2008 系统的组策略，就可以禁止本地计算机系统读写 U 盘，这样一来 U 盘中的病毒文件就无法传播了！

① 在"本地组策略编辑器"窗口的左窗格中，依次展开"用户配置"→"管理模板"→"系统"→"可移动存储访问"选项，如图 7-41 所示。

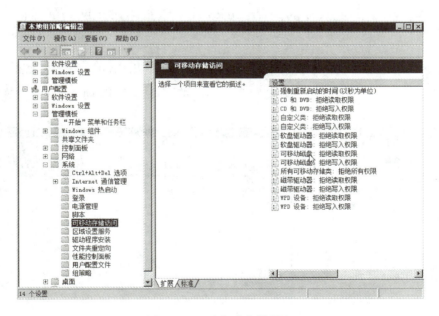

图 7-41  可移动存储访问

② 双击右窗格中的"可移动磁盘：拒绝读取权限"选项。

③ 如图 7-42 所示，打开"可移动磁盘：拒绝读取权限"窗口；选中该窗口中的"已启用"选项，最后再单击"确定"按钮。这样，系统就不能读取 U 盘中的文件了，病毒也就不会"乘虚而入"了。

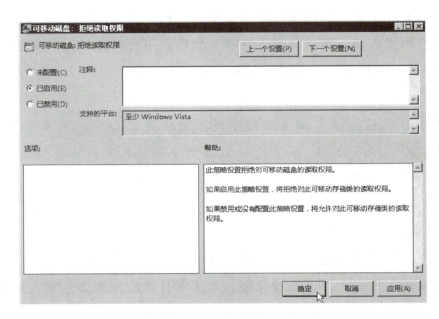

图 7-42　启用配置过的组策略

### 3. 拒绝网络病毒藏于临时文件夹

系统临时文件夹是现在一些"狡猾"的网络病毒藏身之地，杀毒软件对藏身此处的病毒往往清理不干净。为了避免这样的问题，可以利用组策略防止网络病毒隐藏在系统临时文件夹中。

① 在"本地组策略编辑器"窗口的左窗格中，依次展开"计算机配置"→"Windows设置"→"安全设置"→"软件限制策略"→"其他规则"选项，如图 7-43 所示。

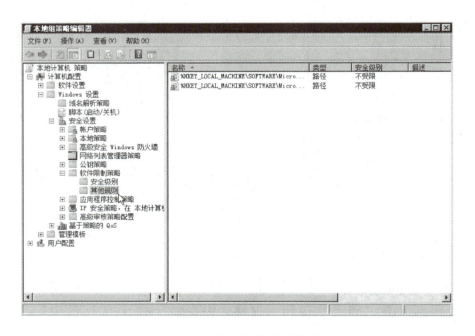

图 7-43　打开软件限制策略

② 鼠标指向"其他规则"选项，单击鼠标右键，选择快捷菜单中的"新建路径规则"命令，系统弹出如图 7-44 所示的对话框。

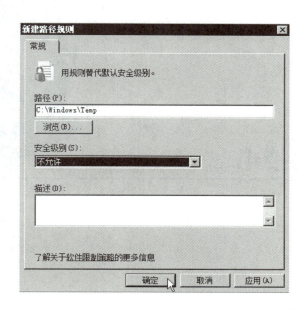

图 7-44 新建路径规则

③ 单击"浏览"按钮，在路径中选择 Windows Server 2008 系统的临时文件夹，同时将"安全级别"设置为"不允许"，最后单击"确定"按钮，完成设置。网络病毒以后就不能躲藏到系统的临时文件夹中了。

 **项目小结**

通过本项目的学习，我们学习了组策略的概念。通过对组策略的计算机配置和用户配置建立了 Windows 的一系列本地安全保护措施；同时还学习了如何通过 Windows Server 2008 的审核功能建立 Windows 系统的全面安全保障。

 **作业**

1. 在 Windows Server 2008 中，通过组策略从桌面上删除"回收站"的图标。

2. 在 Windows Server 2008 中，通过组策略禁止 Windows 自动更新。

3. 在 Windows Server 2008 中，通过组策略阻止添加打印机。

# 项目 8　防火墙技术

　　小军知道上网的电脑需要安装防火墙软件，企业中的网络也要安装防火墙设备来防御黑客的攻击。但防火墙具体的作用是什么？防火墙有哪些种类？小军还不是很清楚。下面让我们和小军一起来了解防火墙的技术，学习防御黑客攻击的方法。

# 理论认知篇　防火墙相关知识

 **知识目标**

- 理解防火墙的概念
- 了解防火墙的种类
- 理解防火墙的基本特性和分类

**131**

### 1. 什么是防火墙

在计算机网络中，防火墙（Firewall）是一个位于内网和外网之间的基于软件或硬件的网络安全系统。大家一般认为内部网络是安全的、可信赖的，而外部网络是不安全的、不可信赖的。在组织中，内部局域网属于内网，而连接到的 Internet 是外网。内网和外网之间流入流出的所有网络通信均要经过此防火墙，防火墙的作用就是阻止未经授权的网络通信进入内网，从而保护内网用户不受来自外网的攻击。

### 2. 防火墙的种类

防火墙大致分为硬件防火墙和软件防火墙。硬件防火墙是指把防火墙程序做到芯片里面，由硬件执行这些功能，能减少 CPU 的负担，使路由更稳定。硬件防火墙一般都有 WAN、LAN 和 DMZ 三个端口，价格比较高，企业以及大型网络使用得比较多，美国的 Cicso 公司，国内的天融信、启明星辰等公司都生产硬件防火墙。软件防火墙其实就是安全防护软件，是安装在 PC 平台上的软件产品，它通过在操作系统底层工作来实现网络管理和防御功能的优化，比如天网防火墙、金山网镖、瑞星个人防火墙等。

### 3. 防火墙的基本特性

（1）内部网络和外部网络之间的所有网络通信都必须经过防火墙。

因为只有当防火墙是内外网络之间通信的唯一通道时，才可以全面、有效地保护企业内部网络不受侵害。防火墙的目的就是在内外网络之间建立一个安全控制点，通过允许、拒绝或重新定向经过防火墙的通信，实现对进、出内部网络的访问的审核和控制。

（2）只有符合定义的访问控制的通信才能通过防火墙

防火墙通过相应的网络接口接收来自外网的数据包，按照 OSI 参考模型的七层结构顺序上传，在适当的层进行访问规则匹配和安全审核，然后将符合定义的访问控制的数据包从相应的网络接口送出，而对于那些不符合定义的访问控制的数据包则予以阻断。

（3）防火墙自身应具有非常强的抗攻击能力

防火墙处于网络边缘，它就像一个边界卫士一样，每时每刻都要面对黑客的入侵，这样就要求防火墙自身要具有非常强的抗击入侵本领。它之所以具有这么强的本领，操作系统本身是关键，当然这些安全性也只能说是相对的。

（4）防火墙不能防御内部的攻击

内部网络中的主机之间的访问通常是不穿越防火墙的，所以这些数据包不经过防火墙的检测，因此防火墙不能防御内部用户之间的攻击。内部网络的安全可以通过入侵检测系统（IDS）来保护。

**4. 防火墙的分类**

（1）包过滤防火墙

这是第一代防火墙，也最基本的过滤技术。包过滤防火墙工作在网络层，它对内网和外网之间通过的每一个数据包按照某些特征进行安全过滤，对于不符合要求的数据包，防火墙会选择阻拦以及丢弃。

（2）状态检测防火墙

包过滤防火墙无法提供完善的安全保护措施。状态检测防火墙可以跟踪通过防火墙的数据包，这样防火墙就可以使用一组附加的规则，来确定是允许还是拒绝该数据包通过。它是通过在包过滤防火墙的基础上应用一些技术来实现的。

（3）应用程序代理防火墙

应用程序代理防火墙又称为应用层防火墙，工作于 OSI 参考模型的应用层。应用程序代理防火墙实际上并不允许在它连接的网络之间直接通信。内网用户将应用请求发送给应用层代理（防火墙），由防火墙代理访问需要的网络资源，再将结果返回给用户。作为防火墙设备，其更像是一台代理服务器。

# 项目实践篇　防火墙的使用

## 技能目标

- 会使用瑞星个人防火墙
- 会使用 Windows Server 2008 自带的防火墙
- 会使用 ISA Server 2004

## 任务 8.1　瑞星个人防火墙的使用

▷▷ 任务分析：

　　瑞星个人防火墙是由北京瑞星信息技术有限公司开发的一款免费个人防火墙，功能上主要针对互联网上大量出现的恶意病毒、挂马网站和钓鱼网站等，通过瑞星"智能云安全"系统可自动收集、分析、处理，完美阻截木马攻击、黑客入侵及网络诈骗，为用户上网提供智能化的整体上网安全解决方案。本任务主要是学习瑞星个人防火墙的使用方法。市面上有很多软件版的个人防火墙，它们功能类似，只要选择一款就可以了。

▷▷ 任务实施：

### 1. 界面和功能布局

　　到瑞星官网上下载防火墙安装包，安装后运行，主界面如图 8-1 所示。

图 8-1　瑞星个人防火墙的主界面

　　在主界面上包含了产品名称、菜单栏、操作按钮以及升级信息等，对防火墙所做的功能设置都可以通过主界面来实现。

### 2. 设置常用功能

（1）设置网络安全

① 打开瑞星个人防火墙，单击主界面上的"网络安全"按钮，打开网络安全设置界面，如图 8-2 所示。

　　可以看到，瑞星个人防火墙的基本防御保护措施默认为开启状态，包括"拦截恶意下载""拦截木马网页""拦截网络入侵攻击"等，对于未开启的功能，可以根据需要手动开启。

133

图 8-2　瑞星个人防火墙网络安全设置主界面

② 单击右上角的"设置"按钮，打开如图 8-3 所示的"设置"对话框。

图 8-3　"设置"对话框

可以看到有"安全上网设置""防黑客设置""黑白名单设置""联网规则设置""升级设置"和"其它设置"，对于不清楚的设置选项尽量采用软件默认设置。

在"安全上网设置"中，可以将自己平常使用的浏览器选中，如 360 安全浏览器，启用对浏览器的高强度的防护。

③ 单击左侧的"防黑客设置"选项，可以设置"阻止对外攻击"的类型、"ARP 欺骗防御""拦截网络入侵攻击""网络隐身"和"报警方式"，如图 8-4 所示。

图 8-4　防黑客设置

ARP 欺骗是通过发送虚假的 ARP 包，冒充别人的身份来欺骗局域网的其他计算机，使其他计算机无法正常通信，造成局域网瘫痪。可以通过设置 ARP 欺骗防御，保护自己的计算机不会被黑客利用。

④ 单击"ARP 欺骗防御"选项组中的"管理"按钮，打开"管理 IP 和 MAC 地址绑定"对话框，如图 8-5 所示。可以通过将 IP 地址与 MAC 地址绑定，使他人无法通过冒充 IP 地址来实施欺骗。

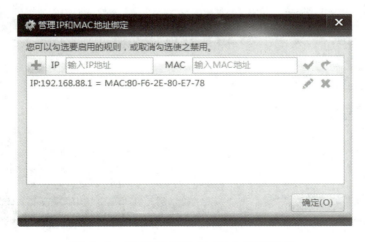

图 8-5　管理 IP 地址和 MAC 地址绑定

135

⑤ 在"拦截网络入侵攻击"选项组中可以管理拦截网络入侵攻击规则。单击"拦截网络入侵攻击"选项组中的"管理"按钮，打开"管理专家规则库"对话框，如图8-6所示。瑞星个人防火墙的专家规则库内置了88条规则，用来实现对计算机的保护，用户可以根据需要选择相应的规则。

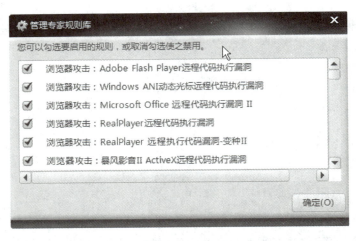

图8-6 管理专家规则库

⑥ 防火墙中有"黑名单"和"白名单"两个概念。"黑名单"就是不允许计算机访问的名单，可以把一些危险网站的网址添加到黑名单中，这样计算机就不能访问这些网站；而"白名单"则是防火墙不对其检查、允许访问的网站，但添加"白名单"需要慎重！黑白名单设置界面如图8-7所示。

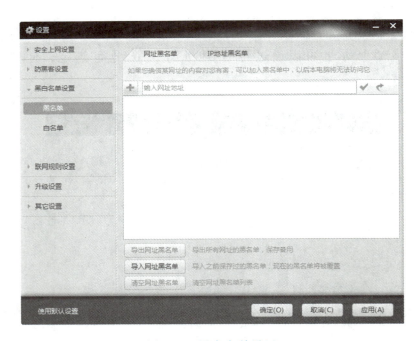

图8-7 黑白名单设置

⑦ 在"联网规则设置"选项组中，可以对"程序联网规则""IP 规则"和"端口规则"进行详细设置，如图 8-8 所示。

图 8-8 联网规则设置

⑧ 在"端口规则"选项中，可以通过添加具体的端口号来允许或禁止操作，实现对端口号的保护，如图 8-9 所示。

图 8-9 端口规则设置

137

⑨ 在"升级设置"选项组中，可以通过不同的升级方式，实现瑞星个人防火墙的自动升级，如图 8-10 所示。

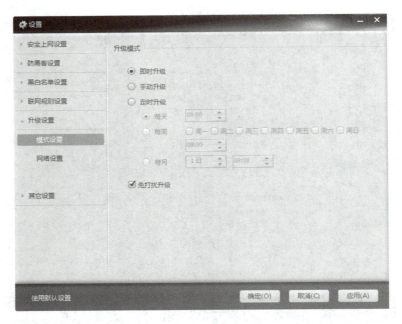

图 8-10　升级设置

⑩ 在"其它设置"选项组中，可以对"软件安全保护""云安全""日志""个性化"和"免打扰模式"分别进行设置。"软件安全保护"实现了瑞星个人防火墙的自我保护功能，如图 8-11 所示。

图 8-11　其它设置

云安全是瑞星公司采用的云防御新技术，通过加入云安全计划，用户能够更有效地防御木马程序和恶意程序，如图8-12所示。

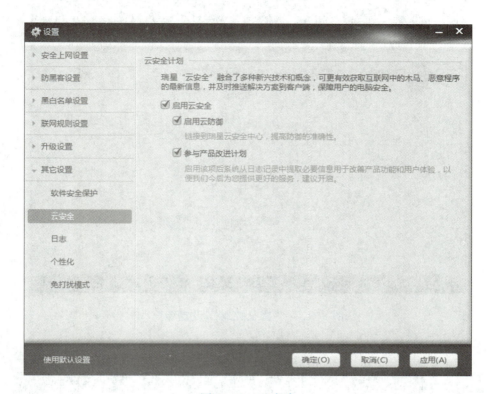

图8-12  云安全

（2）设置家长控制

单击"家长控制"按钮，如图8-13所示，可以为孩子定制网络访问策略，培养孩子良好的上网习惯。

（3）使用防火墙规则

单击"防火墙规则"按钮，打开"防火墙规则"设置界面，如图8-14所示。

在"联网程序规则"的选项卡中，可以设置允许联网的程序，其状态为"放行"时表示可以联网；如果将状态改为"阻止"，将禁止该程序联网。在"IP规则"选项卡中可以针对IP数据包进行设置。如果系统提供的防火墙规则仍不能满足要求，还可以通过"增加"按钮来添加相应的规则。

（4）使用小工具

瑞星防火墙软件还提供了很多小工具，帮助用户实现更多的安全保护。单击主界面中的"小工具"按钮，显示小工具界面，如图8-15所示，可根据需要进行操作。

瑞星个人防火墙是一款功能强大的个人网络安全软件，其功能丰富，永久免费，特别适合个人电脑的安全防护。

140

图 8-13　"家长控制"设置界面

图 8-14　"防火墙规则"设置界面

图 8-15　小工具

## 任务 8.2　Windows Server 2008 防火墙的使用

▷▷ 任务分析：

在 Windows Server 2008 中，微软对防火墙产品进行了升级更新，与 Windows Server 2003 的防火墙相比不仅功能更强，而且更容易配置，它是服务器自身安全保护最好方法之一。

在本任务中，将学习 Windows Server 2008 内置的防火墙的配置，作为初学者，很多情况下还是应采用默认的配置，通过微软内置的入站和出站规则，建立起服务器级别上的防火墙安全保护。

▷▷ 任务实施：

① 在 Windows Server 2008 系统中以管理员账户登录，依次选择"控制面板"→"Windows 防火墙"，打开"Windows 防火墙"的主界面，如图 8-16 所示。

Windows 防火墙默认是启用的，并且阻止所有与未在允许程序列表中的程序的连接。

② 单击"Windows 防火墙"主界面左边的"允许程序或功能通过 Windows 防火墙"选项，如果需要允许某个程序通过防火墙通信，只要选中相应的复选框并单击"确定"按钮即可，如图 8-17 所示。

图 8-16　"Windows 防火墙"的主界面

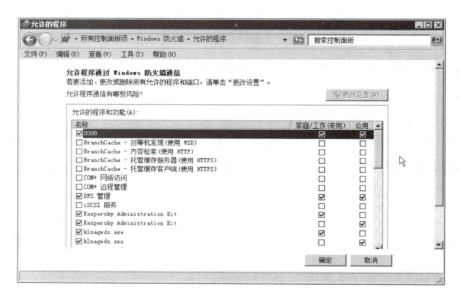

图 8-17　允许的程序

③ 单击"Windows 防火墙"主界面左边的"更改通知设置"选项，可以自定义每种类型的网络设置，如图 8-18 所示。

④ 单击"Windows 防火墙"主界面左边的"打开或关闭 Windows 防火墙"选项，会再次打开图 8-18 所示的窗口，可以启用或关闭防火墙，当服务器需要联网时，不推荐关闭 Windows 防火墙。

⑤ 单击"Windows 防火墙"主界面左边的"还原默认设置"选项，单击"还原默认设置"按钮，可删除用户手工添加的配置，恢复为 Windows 防火墙的默认状态，如图 8-19 所示。

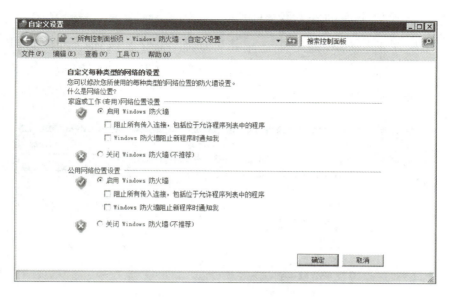

图 8-18 自定义设置

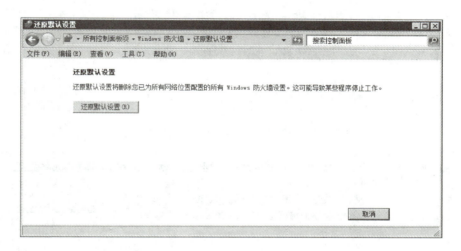

图 8-19 还原默认设置

⑥ 单击"Windows 防火墙"主界面左边的"高级设置"选项，可打开"高级安全 Windows 防火墙"窗口，如图 8-20 所示。

这是 Windows Server 2008 防火墙全新的管理控制台，可以配置"入站规则""出站规则"和"连接安全规则"，并实现监视功能。

⑦ 单击左窗格中的"入站规则"选项，可以查看 Windows 防火墙提供的大约 90 条默认入站规则，如图 8-21 所示。

⑧ 鼠标指向其中的一条规则，单击鼠标右键，选择"属性"命令，弹出如图 8-22 所示属性对话框。

在这里，不仅能设置协议和端口，还可以设置程序和服务、计算机、作用域和用户，通过这种高级设置，实现更全面的安全保护功能。

⑨ 在图 8-21 所示窗口的右窗格中，单击"新建规则"按钮，可以打开"新建入站规则向导"对话框，首先选择规则的类型，然后就可以根据向导的提示，一步一步地输入规则的内容，创建新的入站规则，如图 8-23 所示。

图 8-20　"高级安全 Windows 防火墙"窗口

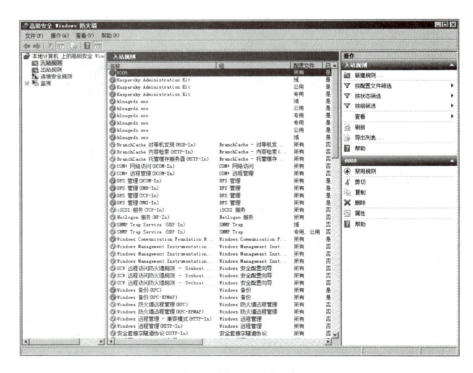

图 8-21　入站规则

图 8-22　规则属性

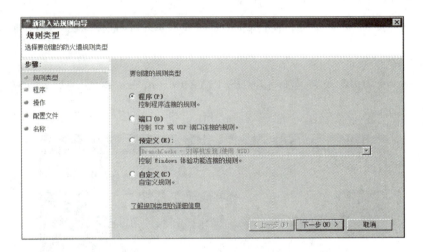

图 8-23　新建入站规则

Windows Server 2008 高级安全防火墙还提供了大约 40 个默认出站防火墙规则。出站规则的配置与入站规则完全相同。这些默认的规则是 Windows Server 2003 防火墙的几倍，已经足够用户日常使用了。

Windows Server 2008 中的内置防火墙具有高级安全特性，微软公司将其称为"高级安全 Windows 防火墙"（简称 WFAS）。功能上结合了主机防火墙和 IPSec 协议的特点，提供了计算机到计算机的连接安全，可以对通信要求身份验证和数据保护；同时具有新的图形界面、实现双向保护、高级规则配置等新特点。通过高级安全 Windows 防火墙，可以更好地加固服务器以免遭攻击，同时也让服务器自身不被利用去攻击别人，真正使服务器安全、高效。

## 任务 8.3　ISA Server 2004 的使用

▷▷任务分析：

ISA 是 Internet Security and Acceleration 的缩写，是微软公司面向企业提供的路由级防火墙产品。ISA Server 2004 具有功能完善的多层企业防火墙和高性能的 Web 缓冲功能。

在本任务中，将学习 ISA Server 2004 的安装，并通过具体的实例，了解防火墙策略的添加和配置方法，从而深入地了解专业级防火墙的使用方法。

▷▷任务实施：

**1. 安装 ISA Server 2004**

在 ISA Server 2004 服务器上安装两块网卡，一块网卡的 IP 地址是 192.168.88.8，作为外网接口，用于连接 Internet；另一块网卡的 IP 地址是 10.0.0.1，作为内网接口，用于连接内网，所有内网客户机均以 ISA Server 服务器的内网接口（10.0.0.1）作为网关。由于 ISA Server 2004 服务器不具备转发 DNS 请求的功能，需要在 ISA Server 2004 服务器上事先安装一个内部的 DNS 服务。

① 运行 ISA Server 2004 安装程序包中的 ISAAutorun. exe 程序，启动 ISA Server 2004 的安装，如图 8-24 所示。

图 8-24　ISA Server 2004 的安装界面

② 单击"安装 ISA Server 2004"超链接，安装程序会对计算机系统环境和磁盘空间进行检测，然后启动安装向导，如图 8-25 所示。

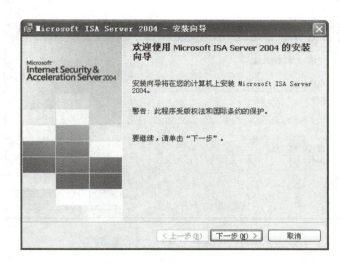

图 8-25  ISA Server 2004 安装向导

③ 单击"下一步"按钮，在"许可协议"界面，选择"我接受许可协议中的条款"单选按钮，如图 8-26 所示。

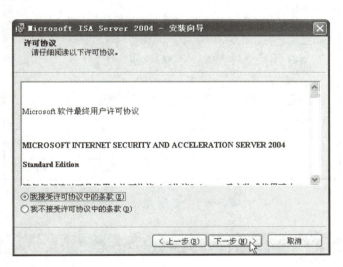

图 8-26  接受许可协议

④ 单击"下一步"按钮，在"客户信息"界面，输入个人信息和产品序列号，如图 8-27 所示。

⑤ 单击"下一步"按钮，进入"安装类型"界面，如图 8-28 所示，在此可以选择安装类型。

⑥ 如果你想改变 ISA Server 的默认安装选项，可以选择"完全"或"自定义"安装方式，在"自定义"安装方式下可以选择安装组件。一般选择"典型"安装方式，默认情况

下，会安装防火墙服务器、ISA 服务器管理。单击"下一步"按钮，进入"内部网络"的设置界面，如图 8-29 所示。

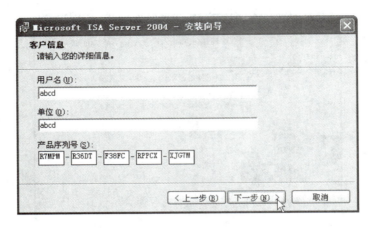

图 8-27   输入客户信息和序列号

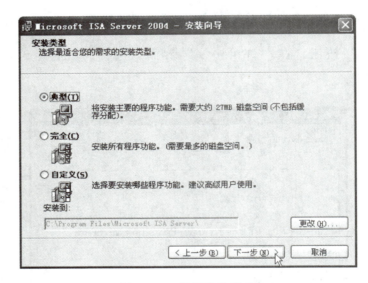

图 8-28   选择安装类型

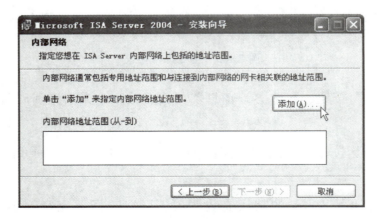

图 8-29   内部网络设置

⑦ 单击"添加"按钮，打开如图 8-30 所示的对话框。在 ISA Server 2004 中，内部网络定义为 ISA Server 2004 的可信任的网络，防火墙的系统策略会自动允许 ISA Server 2004 到内部网络的部分通信。在此对话框中可以设置内部网络的地址范围。

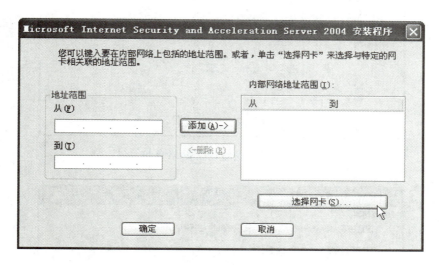

图 8-30　添加内部网络地址范围

⑧ 单击"选择网卡"按钮，出现"选择网卡"对话框，如图 8-31 所示。

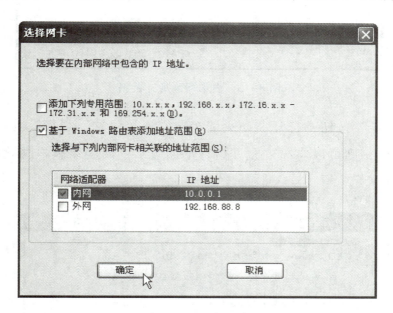

图 8-31　选择网卡

⑨ 在"选择网卡"对话框中，取消选中"添加下列专用范围"复选框，选中"基于 Windows 路由表添加地址范围"复选框。选中连接内网的适配器，单击"确定"按钮。在弹出的提示对话框中单击"确定"按钮，如图 8-32 所示。

⑩ 单击"确定"按钮，进入"内部网络"地址范围确认界面，如图 8-33 所示。

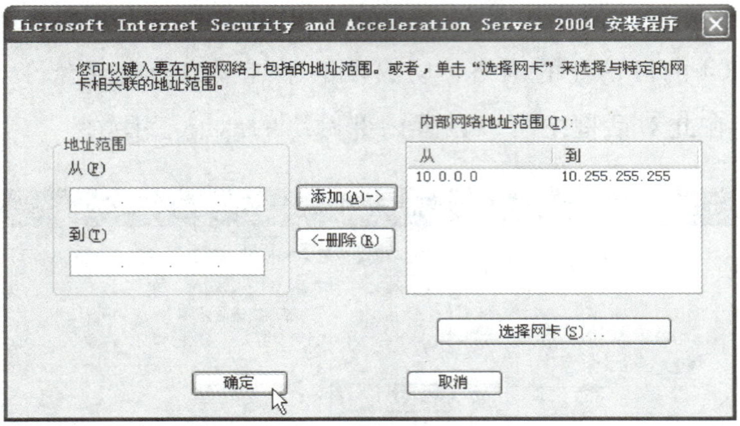

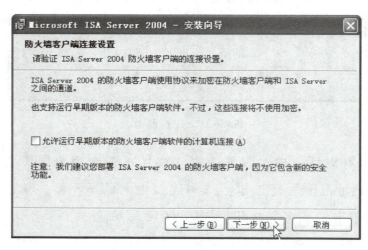

图 8-32　设置内部网络地址

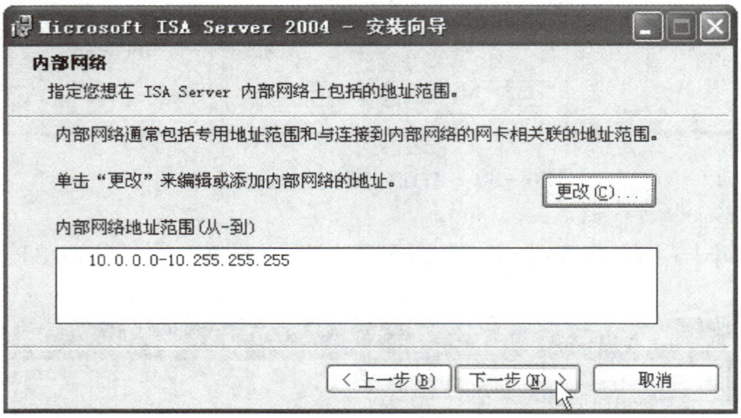

图 8-33　内部网络地址范围

⑪ 单击"下一步"按钮，打开"防火墙客户端连接设置"界面，如果客户机上使用了早期的防火墙客户端，则可以勾选"允许运行早期版本的防火墙客户端软件的计算机连接"复选框，如图 8-34 所示。

图 8-34　防火墙客户端连接设置

⑫ 单击"下一步"按钮，进入"服务"界面，如图 8-35 所示。

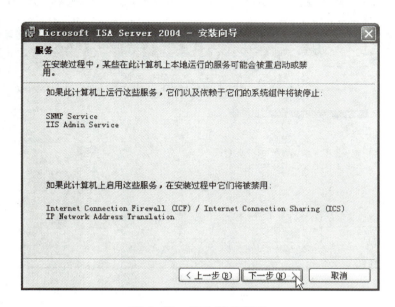

图 8-35　停止某些服务

⑬ 单击"下一步"按钮，打开"可以安装程序了"界面，单击"安装"按钮，如图 8-36 所示。

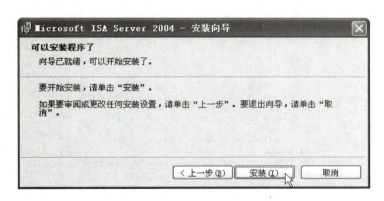

图 8-36　可以安装程序了

⑭ 安装程序会一步一步进行安装，在安装向导完成后，选择"在向导关闭时运行 ISA 服务器管理"选项，然后单击"完成"按钮，系统会打开 ISA 服务器的管理控制台。

**2. 配置 ISA Server 2004 防火墙策略**

在安装 ISA Server 2004 服务器时，会创建默认的系统策略。

① 如图 8-37 所示，在"防火墙策略"选项上单击鼠标右键，从快捷菜单中选择"查看"→"显示系统策略规则"命令，或直接单击工具栏的 ▤ 按钮，显示系统默认的策略，如图 8-38 所示。

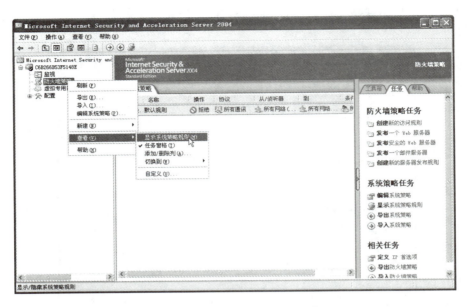

图 8-37　显示系统策略规则

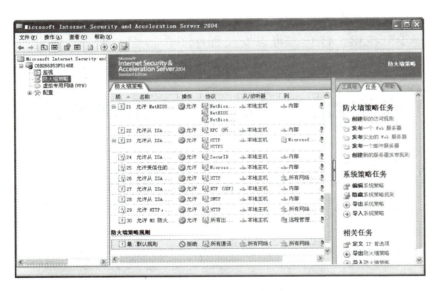

图 8-38　系统策略规则

所有的 30 条系统策略都是 ISA Server 2004 服务器安装时默认启用的，可以根据自己的需求禁用不需要的系统策略。

在图 8-38 所示的窗口中可以发现，防火墙的默认访问策略规则是拒绝所有通信。要与外部网络（Internet）进行通信，首先需建立一条访问策略规则，以允许内部网络客户访问外部网络；同时，因为内部网络客户需要访问 ISA Server 2004 服务器上的 DNS 服务器以解析域名，所以，还需要建立一条策略规则，允许内部网络客户访问 ISA Server 2004 服务器的 DNS 服务。

② 在"防火墙策略"选项上单击鼠标右键，从快捷菜单中选择"新建"→"访问规则"命令，如图 8-39 所示。

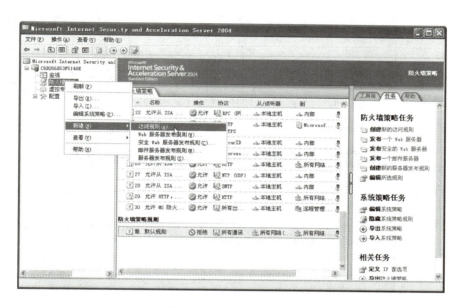

图 8-39　新建访问规则

③ 在"新建访问规则向导"的"访问规则名称"文本框中输入"允许对外网的访问"，如图 8-40 所示。

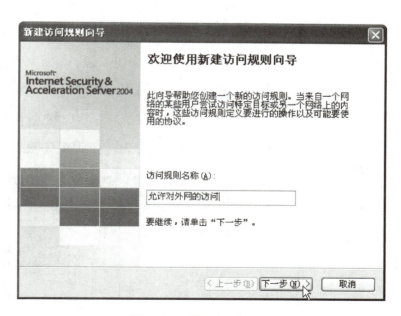

图 8-40　输入规则名称

④ 然后单击"下一步"按钮，进入"规则操作"界面，如图 8-41 所示。

⑤ 选择"允许"单选按钮，单击"下一步"按钮，进入"协议"界面，如图 8-42 所示。

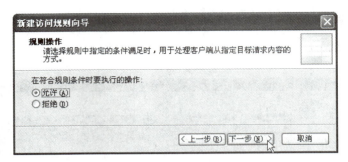

图 8-41　规则操作

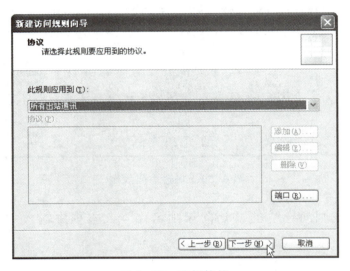

图 8-42　选择协议

⑥ 选择"所有出站通讯"选项，单击"下一步"按钮，进入"访问规则源"界面，单击"添加"按钮，在打开的"添加网络实体"对话框中，展开"网络"节点，选择"内部"选项，单击"添加"按钮，然后单击"关闭"按钮，如图 8-43 所示。

图 8-43　设置访问规则源

⑦ 单击"下一步"按钮，进入"访问规则目标"界面，单击"添加"按钮，在打开的"添加网络实体"对话框中，展开"网络"节点，选择"外部"选项，单击"添加"按钮，然后单击"关闭"按钮，如图8-44所示。

图 8-44　设置访问规则目标

⑧ 单击"下一步"按钮，进入"用户集"界面，接受默认的"所有用户"选项，如图8-45所示。

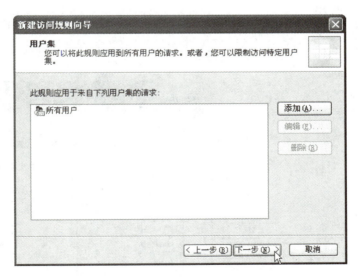

图 8-45　设置用户集

⑨ 单击"下一步"按钮，核实所做的设置，然后单击"完成"按钮，关闭"新建访问规则向导"对话框。如图8-46所示，在管理控制台的防火墙策略规则中可以看到刚刚新建的策略规则。

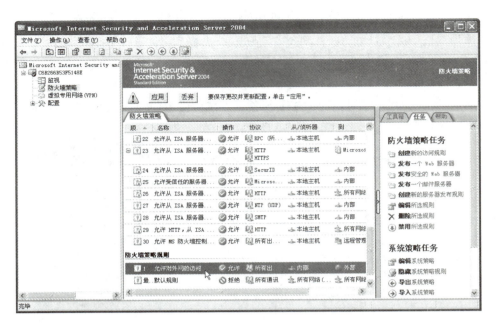

图 8-46　新建好的规则

下面，再建一条允许内部客户访问 ISA Server 2004 服务器上的 DNS 服务的规则。首先设置规则名为"允许内网访问 DNS 服务器"，后面的步骤和上面基本相同，不同之处是在图 8-42 所示的界面中选择"所选的协议"选项，单击"添加"按钮，打开"添加协议"对话框，展开"通用协议"节点，选择"DNS"选项，单击"添加"按钮，然后单击"关闭"按钮，如图 8-47 所示。

图 8-47　添加协议

⑩ 单击"下一步"按钮，在出现的"访问规则目标"界面中显示的为"本地主机"，如图 8-48 所示。

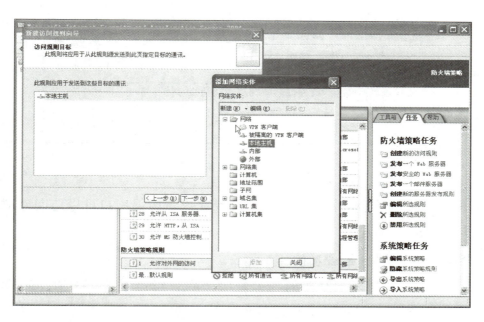

图 8-48  添加访问规则目标

⑪ 单击"下一步"按钮，按向导的提示完成后面的操作。此时，ISA Server 2004 的管理控制台如图 8-49 所示，添加的两条策略规则均已出现，单击"应用"按钮以更新防火墙策略。

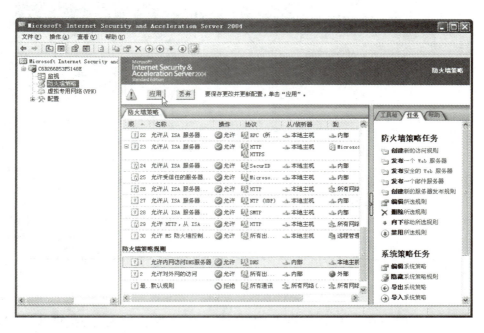

图 8-49  管理控制台

⑫ 在"应用新配置"对话框中，单击"确定"按钮，即可使新建立的策略规则生效，如图 8-50 所示。

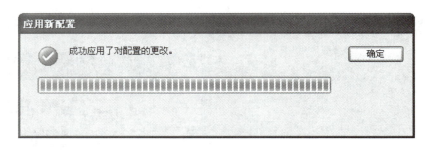

图 8-50　应用新配置

此时，ISA Server 2004 服务器的初步配置已经完成，内部用户可以访问外部网络的所有服务，也可以访问 ISA Server 2004 服务器上的 DNS 服务。

**3. 使用 ISA Server 2004 监视功能**

通过 ISA Server 2004 管理控制台的"监控"节点，可以了解 ISA Server 2004 的运行日志、警报、服务器之间的会话以及系统服务的运行情况等。

① 在控制台主界面的左窗格中单击"监视"选项，在右窗格的"仪表板"选项卡中，可以一目了然地观察到系统和网络的当前总体运行情况，如图 8-51 所示。

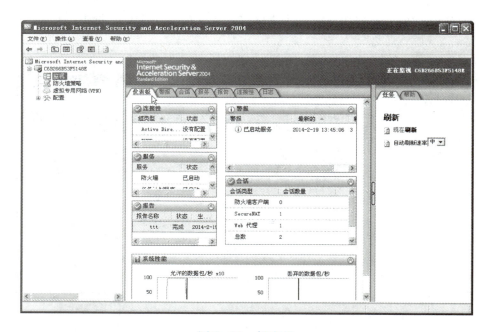

图 8-51　仪表板

② 在"警报"选项卡中，可以实时地观察到运行警报，还可以通过单击"配置警报定义"链接来定义需要生成的警报，如图 8-52 所示。

图 8-52　警报

③ 在"会话"选项卡中，可以看到当前与服务器进行通信的客户机及其详细资料。如果需要找到具体的某个客户机信息，还可以通过单击"编辑筛选器"链接进行筛选，如图 8-53 所示。

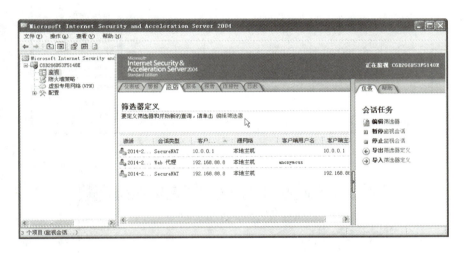

图 8-53　会话

④ 在"服务"选项卡中，可以看到当前运行的各种服务的状态，如图 8-54 所示。

⑤ 在"报告"选项卡中，单击右边窗格中的"生成新的报告"超链接，如图 8-55 所示，可以获得 ISA 服务器的相关监视信息。

⑥ 单击右窗格中的"生成新的报告"超链接，打开"新建报告向导"对话框，如图 8-56 所示；单击"下一步"按钮，选中报告中需要包括的内容，如图 8-57 所示。

159

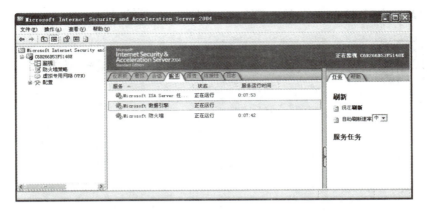

图 8-54  服务

图 8-55  报告

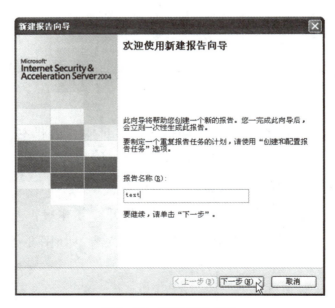

图 8-56  新建报告名称

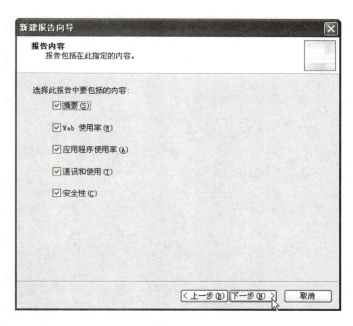

图 8-57　选择报告内容

⑦ 单击"下一步"按钮，可以设置生成报告的日期范围，如图 8-58 所示。

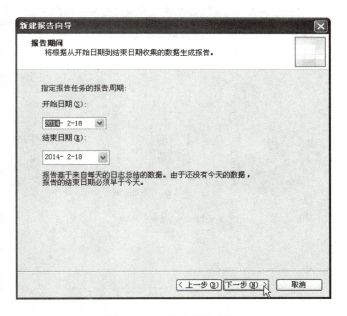

图 8-58　设置报告期间

⑧ 单击"下一步"按钮，可以将生成的报告直接放在网络上的某个文件夹中；或者直接单击"下一步"按钮，将生成的报告送达某个网管员的邮箱里，如图 8-59 所示。

⑨ 单击"下一步"按钮，检查所做的设置，确认无误后单击"完成"按钮，如图 8-60所示。

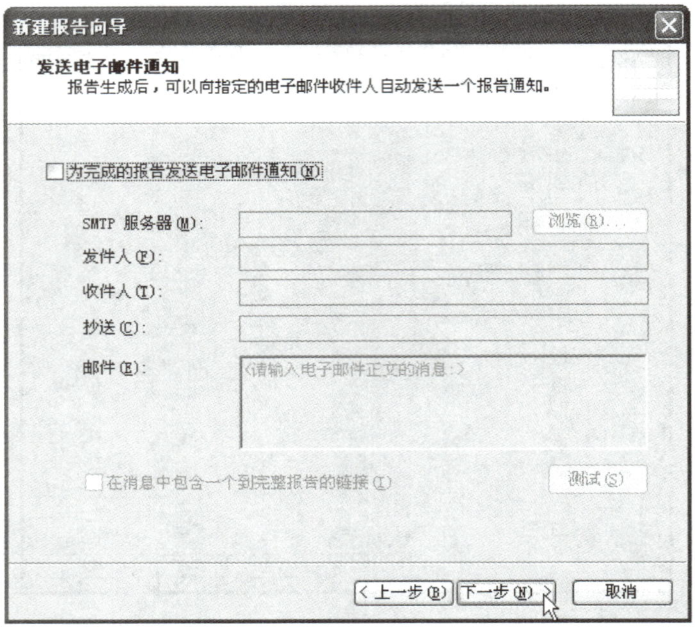

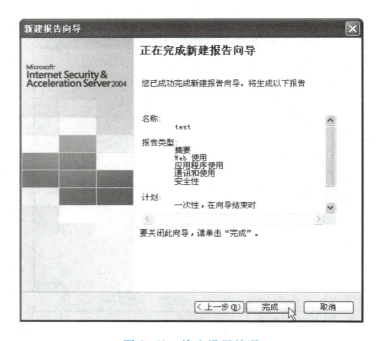

图 8-59　设置电子邮件地址

图 8-60　检查设置情况

⑩ 此时，系统会生成名为"test"的报告。此报告是以 HTML 格式存放的，内容非常详尽，适合网管员保存或修改，如图 8-61 所示。

⑪ 在"日志"选项卡中，可以单击右窗格中的"开始查询"按钮，查询日志信息；通过"配置防火墙日志"按钮可以修改日志的名称、格式等，如图 8-62 所示。

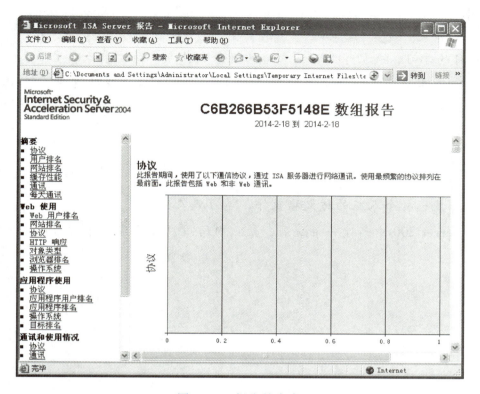

图 8-61　报告的内容

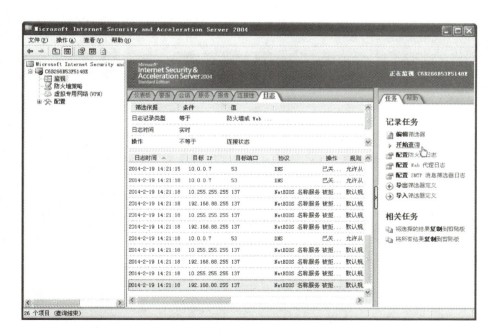

图 8-62　日志

## 项目小结

通过本项目的学习，我们了解了防火墙的概念和特点；通过学习瑞星个人防火墙、Windows Server 2008 自带的防火墙和专业级的 ISA Server 2004 防火墙的设置，掌握了配置常见防火墙的基本方法。

## 作业

1. 从网上下载一款个人版的防火墙软件，学习安装和配置。

2. 在 ISA Server 200 中新建一条规则，禁止内网用户访问某个外网站点。

# 项目 9　数据库安全

　　2011 年末国内最大程序员社区 CSDN 的数据库泄露事件震惊整个中国互联网界，引起了亿万网民的关注，网民开始怀疑互联网的安全，一夜之间数据外泄和数据库安全成为人们关注的焦点。其实不然，数据外泄从 2005 年开始就在国外爆发，典型案例为美国的数千万信用卡数据失窃事件。

　　从历史上看，往往一个大的事件会引起人们的警醒，甚至在一定程度上会影响到法律法规的制定和全民安全意识的提高。面对此类安全事件，我们需要的不是过多的指责，而是要不断地改进安全技术和措施，要站在信息系统安全高度来看待这些层出不穷的安全事件。

## 理论认知篇　数据库的安全及面临的威胁

 **知识目标**

- 掌握数据库安全的基本概念
- 了解数据库安全威胁

**1. 数据库安全的基本概念**

数据库系统的安全主要是针对数据而言的，包括数据独立性、数据安全性、数据完整性、并发控制、故障恢复等几个方面。

**2. 数据库安全威胁**

近两年，拖库现象频发，黑客盗取数据库的技术在不断提升。虽然数据库的防护能力也在提升，但相比黑客的手段来说，单纯的数据库防护还是心有余而力不足。数据库审核已经不是一种新兴的技术手段，但是却在数据库安全事件频发的今天给我们以新的启示。数据库受到的威胁大致有以下几种。

（1）内部人员错误

数据库安全的一个潜在风险就是"非故意的授权用户攻击"和内部人员错误。这类安全事件最常见的表现包括：由于不慎而造成意外删除或泄露，非故意地规避安全策略。在授权用户无意访问敏感数据并错误地修改或删除信息时，就会发生第一种风险。在用户为了备份或"将工作带回家"而做了非授权的备份时，就会发生第二种风险。虽然这并不是一种恶意行为，但很明显，它违反了公司的安全策略，并会造成数据存放到不安全的存储设备上，在该设备遭到恶意攻击时，就会导致非故意的安全事件。例如，笔记本电脑就能造成这种风险。

（2）错误配置

黑客可以使用数据库的错误配置控制"肉机"（已被黑客控制的计算机）访问点，借以绕过认证方法并访问敏感信息。这种配置错误成为攻击者借助特权提升发动某些攻击的主要手段。如果没有正确地重新设置数据库的默认配置，非特权用户就有可能访问未加密的文件，未打补丁的漏洞就有可能导致非授权用户访问敏感数据。

（3）未打补丁的漏洞

如今攻击已经从公开的漏洞利用发展到更精细的方法，并敢于挑战传统的入侵检测机制。漏洞利用的脚本在数据库补丁发布的几小时内就可以被发到网上。当即就可以使用的漏洞利用代码，再加上几十天的补丁周期（在多数企业中如此），实质上几乎把数据库的大门完全打开了。

（4）高级持续性威胁

之所以称为高级持续性威胁，是因为实施这种威胁的是有组织的专业公司或政府机构，它们掌握了威胁数据库安全的大量技术和技巧，而且是"咬定青山不放松""立根原在'金钱（有资金支持）'中""千磨万击还坚劲，任尔东西南北风"。这是一种正甚嚣尘上的风险。热衷于窃取数据的公司甚至外国政府机构，不再满足于获得一些简单的数据，专门窃取存储在数据库中的大量关键数据。特别是一些个人的私密及金融信息，一旦失窃，这些数据记录就可以在信息黑市上销售或使用，并被其他政府机构操纵。鉴于数据库攻击涉及成千上万甚至上百万的记录，所以此类攻击日益增多。通过锁定数据库漏洞并密切监视对关键数据存储的访问，数据库的专家们可以及时发现并阻止这些攻击。

# 项目实践篇　数据库安全配置

## 技能目标

- 掌握 Access 数据库的安全配置
- 掌握 SQL Server 数据库备份

## 任务 9.1　Access 数据库的安全配置

▷▷ 任务分析：

本任务通过对 Access 数据库进行安全配置，来提高 Access 数据库的安全。

▷▷ 任务实施：

在 Office 2010 下，Access 2010 数据库的安全机制已经更为完善。Access 2010 提供了经过改进的安全模型，有助于简化将安全性应用于数据库以及打开已启用安全性的数据库过程。

### 1. 使用受信任位置中的 Access 数据库

（1）打开信任中心

① 如图 9-1 所示，单击"文件"→"选项"选项，打开"Access 选项"对话框，如图 9-2 所示。

图 9-1　选择"文件"→"选项"选项

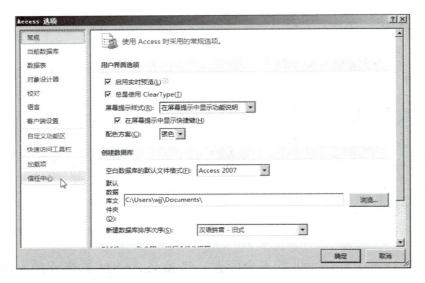

图 9-2　"Access 选项"对话框

②　如图 9-3 所示，在"Access 选项"对话框左侧窗格中，单击"信任中心"选项；然后在右侧窗格的"Microsoft Access 信任中心"下，单击"信任中心设置"按钮，打开如图 9-4 所示"信任中心"对话框。

③　在打开的"信任中心"对话框中，单击左侧窗格中的"受信任位置"选项，如图 9-5 所示。

④　创建新的受信任位置。如果需要创建新的受信任位置，可单击"添加新位置"按钮，在打开"Microsoft Office 受信任位置"对话框中，添加新的路径，将数据库放在该受信任位置，如图 9-6 所示。

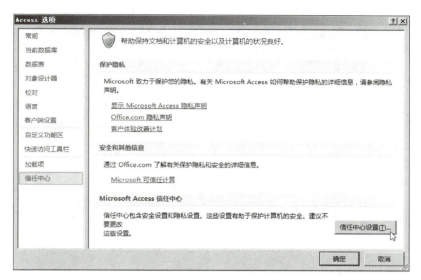

图 9-3 单击"信任中心设置"按钮

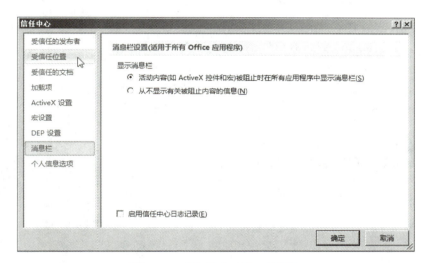

图 9-4 "信任中心"对话框

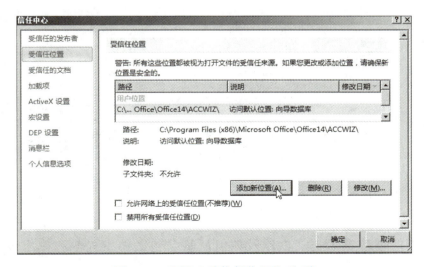

图 9-5 选择"受信任位置"选项

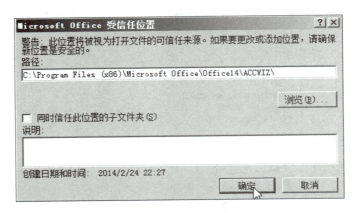

图 9-6　"Microsoft Office 受信任位置" 对话框

（2）将数据库放在受信任位置

使用 Windows 资源管理器复制或移动文件到受信任位置。也可以在 Access 中先打开文件，然后将它保存到受信任位置。

（3）在受信任位置打开数据库

在 Windows 资源管理器中双击打开 Access 数据库文件，或者可以在 Access 运行时单击 "文件" 选项卡上的 "打开" 按钮，来打开文件，如图 9-7 所示。

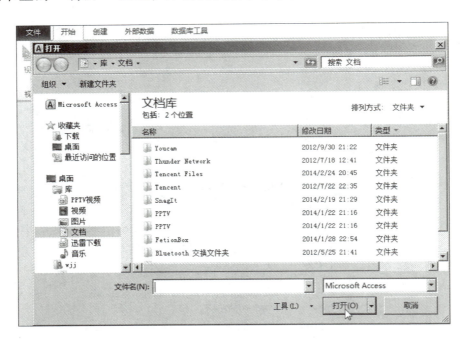

图 9-7　打开 Access 数据库

## 2. 数据库的打包、签名和分发

下面将介绍如何创建签名包文件以及如何从签名包文件中提取和使用数据库。

（1）创建签名包

① 打开要打包和签名的 Access 数据库文件。

② 在"文件"选项卡中，单击"保存并发布"命令，如图 9-8 所示。

图 9-8　运行"保存并发布"

③ 如图 9-9 所示，在"文件"选项卡右侧，单击"高级"选项组中的"打包并签署"按钮，将出现"Windows 安全"对话框，要求用户确认证书，如图 9-10 所示。

图 9-9　单击"打包并签署"按钮

图 9-10　确认证书

④ 确认数字证书无误后单击"确定"按钮，出现"创建 Microsoft Access 签名包"对话框，如图 9-11 所示。

图 9-11 "创建 Microsoft Access 签名包"对话框

⑤ 在"文件名"文本框中输入签名包的名称，然后单击"创建"按钮，Access 将创建 .accdc 文件并将其放置在所选的位置。

（2）提取并使用签名包

① 如图 9-12 所示，单击"文件"→"打开"按钮，将出现"打开"对话框，如图 9-13 所示。

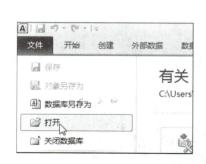

图 9-12 单击"打开"按钮

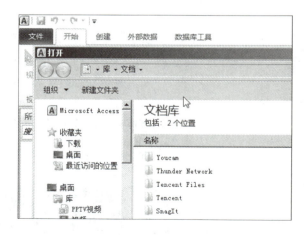

图 9-13 "打开"对话框

② 选择"Microsoft Access 签名包"文件类型，找到存放 .accdc 文件的文件夹，选择签名包文件，然后单击"打开"按钮，如图 9-14 所示。

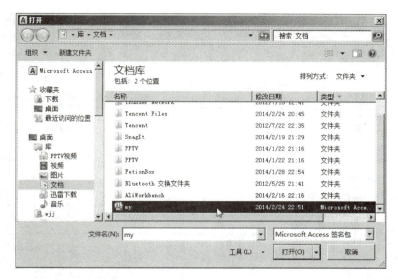

图 9-14　打开签名包

③ 请选择执行下列操作之一。

• 如果选择了信任用于对部署包进行签名的安全证书，则会出现"将数据库提取到"对话框。此时，请转到下一步。

• 如果尚未选择信任安全证书，则会出现如图 9-15 所示的"Microsoft Access 安全声明"对话框。如果你信任该数据库，请单击"打开"按钮。如果你信任来自提供者的任何证书，就单击"信任来自发布者的所有内容"按钮，将出现"将数据库提取到"对话框，如图 9-16 所示。

如果使用自签名证书对数据库进行签名，然后在打开该签名包时单击了"信任来自发布者的所有内容"按钮，则将始终信任使用此签名证书进行签名的数据库。

④ 另外，还可以在"将数据库提取到"对话框中为提取的数据库选择一个新的存放位置，并在"文件名"文本框中为提取的数据库输入其他名称，如图 9-17 所示。如果将数据库提取到一个受信任位置，则每当打开该数据库时其内容都会自动启用。但如果选择了一个不受信任的位置，则默认情况下该数据库的某些内容将被禁用。

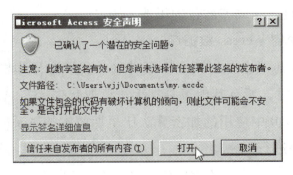

图 9-15　Microsoft Access 安全声明

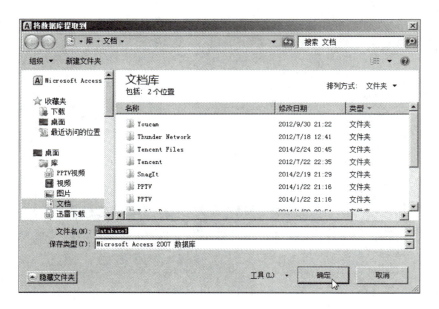

图 9-16　"将数据库提取到"对话框

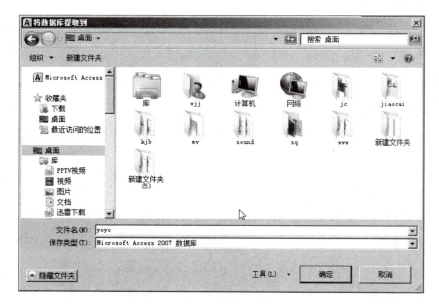

图 9-17　为提取的数据库选择位置

⑤ 单击"确定"按钮，完成签名包的提取。

**3. 使用数据库密码加密 Access 数据库**

Access 2010 中的加密工具合并了两个旧工具（编码和数据库密码），并加以改进。使用数据库密码来加密数据库时，所有其他工具都无法读取数据，并强制用户必须输入密码才能使用数据库。在 Access 2010 中应用的加密算法比早期版本的 Access 使用的算法更强。

（1）使用数据库密码进行加密

① 以独占只读方式打开要加密的数据库，如图 9-18 所示。

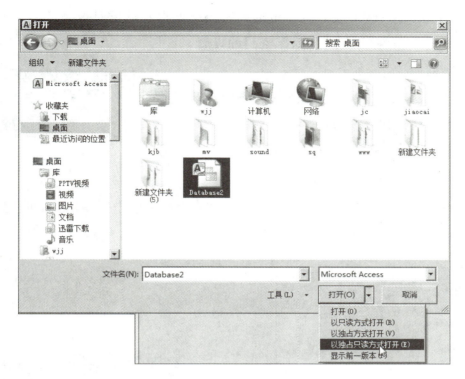

图 9-18　以独占只读方式打开数据库

② 如图 9-19 所示，单击"文件"选项卡中的"信息"选项，然后单击"用密码进行加密"按钮，弹出如图 9-20 所示的"设置数据库密码"对话框，在"密码"文本框中输入密码，并在"验证"文本框中再次输入该密码。

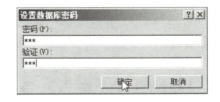

图 9-19　单击"用密码进行加密"　　　图 9-20　"设置数据库密码"对话框

建议使用由大写字母、小写字母、数字和符号组合而成的强密码。例如，Y6dh!et5 是强密码，而 House27 是弱密码。密码长度应大于或等于 8 个字符。最好使用包括 14 个或更多个字符的密码。记住密码很重要，如果忘记了密码，将无法找回。最好将密码记录下来，

175

保存在一个安全的地方，这个地方应尽量远离密码所要保护的信息。

　　③ 单击"确定"按钮，完成数据库密码的设置。

　　（2）解密数据库

　　① 以独占方式打开已加密的数据库，随即出现"要求输入密码"对话框，如图 9-21 所示。

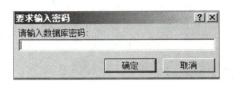

图 9-21　"要求输入密码"对话框

　　② 在"请输入数据库密码"文本框中输入密码，然后单击"确定"按钮，打开加密的数据库。

　　③ 单击"文件"选项卡中的"信息"选项，然后单击"解密数据库"按钮，如图 9-22 所示，将出现"撤销数据库密码"对话框，如图 9-23 所示。

图 9-22　单击"解密数据库"

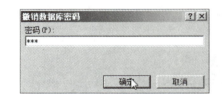

图 9-23　"撤销数据库密码"对话框

　　④ 在"密码"文本框中输入密码，然后单击"确定"按钮，即可撤销已经加密的数据库密码。

　　Access 数据库的安全性，从根本上来说不如 SQL Server 一类的服务器级别数据库那么完善。但是对于桌面上的数据库管理应用来说，这些安全保密性能已经可以满足使用要求了。

　　Access 数据库主要应用于中小企业，操作简单。Access 2010 版为用户提供了三种方式来保护数据库的安全：把 Access 数据库放在受信任的位置中、对数据库文件进行签名和对数据库进行加密。

## 任务 9.2　SQL Server 数据库备份

▷▷任务分析：

　　本任务将对 SQL Server 数据库进行备份，以保证数据的安全。

▷▷任务实施：

　　下面以 SQL Server 2000 数据库的备份为例来介绍备份方法。

① 如图 9-24 所示,依次单击"开始"→"所有程序"→"Microsoft SQL Server"→"企业管理器"菜单项。

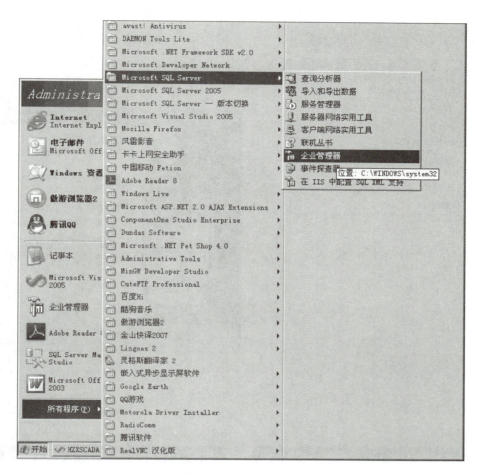

图 9-24 打开企业管理器

② 打开企业管理器,如图 9-25 所示,在控制台根目录下,依次展开 "Microsoft SQL Servers"→"SQL Server 组"节点,在"SQL Server 组"上单击鼠标右键,从快捷菜单中选择"新建 SQL Server 注册"命令,弹出如图 9-26 所示的"注册 SQL Server 向导"对话框。

③ 单击"下一步"按钮,在"可用的服务器"下面的文本框中输入服务器的 IP 地址,例如"10.124.4.29",如图 9-27 所示。

④ 单击"添加"按钮,如图 9-28 所示,将服务器的 IP 地址添加到右侧的列表框中。

⑤ 单击"下一步"按钮,选择"系统管理员给我分配的 SQL Server 登录信息(SQL Server 身份验证)"单选按钮,如图 9-29 所示。

178

图 9-25    新建 SQL Server 注册

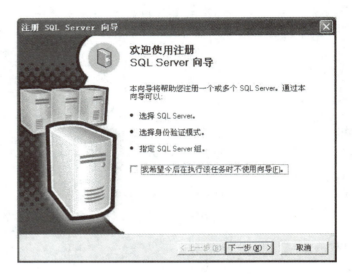

图 9-26    注册 SQL Server 向导

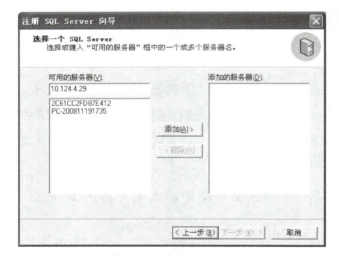

图 9-27    选择一个 SQL Server

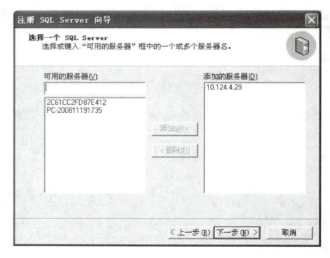

图 9-28    添加服务器

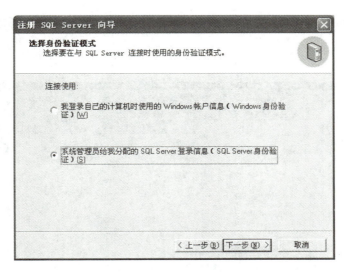

图 9-29　选择身份验证模式

⑥ 单击"下一步"按钮，输入用户名和密码，例如，用户名为 sa，密码为 sa，单击"下一步"按钮，根据向导提示完成服务器的注册，如图 9-30 所示。

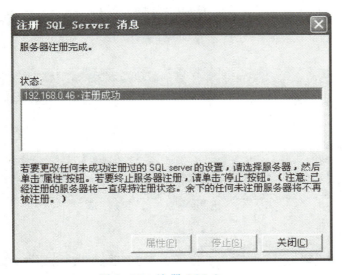

图 9-30　注册 SQL Server

这时就能在 SQL Server 企业管理器中看到服务器的数据库了。

⑦ 依次展开"Microsoft SQL Servers"→"SQL Server 组"→"服务器名（一般显示为服务器的 IP 地址）"→"数据库"节点，然后选择要备份的数据库（如 hzxscada），在数据库名上面单击鼠标右键，从快捷菜单中选择"所有任务"→"备份数据库"命令，如图 9-31 所示。

⑧ 如图 9-32 所示，填写数据库描述，单击"添加"按钮，在弹出的"选择备份目的"对话框中有两个选项："文件名"（默认）、"备份设备"，选择默认的"文件名"选项，然

后输入保存备份文件的目录及备份文件的名称（比如 hzxscada_server_20081209.bak），单击"确定"按钮。

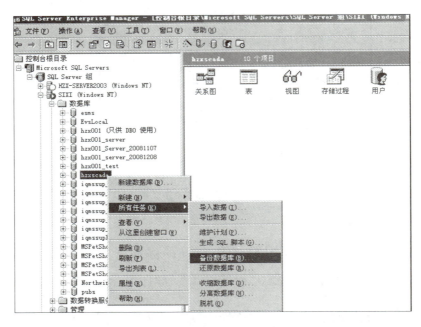

图 9-31  备份数据库

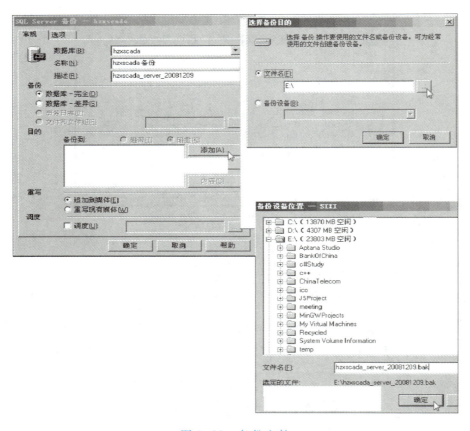

图 9-32  备份文件

⑨ 依次单击"选择备份目的"对话框和"SQL Server 备份-hzxscada"对话框中的"确定"按钮，如图 9-33 所示。

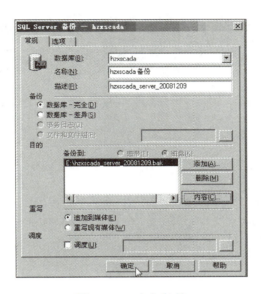

图 9-33  确定备份

⑩ 如图 9-34 所示，当出现"备份操作已顺利完成"提示框之后，在刚才保存备份文件的目录下就可以找到备份文件了，如图 9-35 所示。

数据库的备份是对数据库最好的保护。SQL Server 提供了备份功能，若原数据库出现问题，可以用备份的数据库进行恢复。

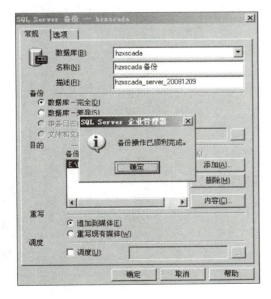

图 9-34  备份完成

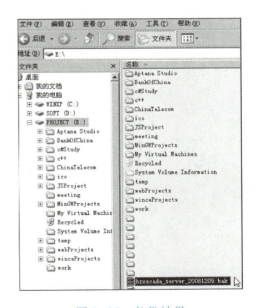

图 9-35  备份结果

## 项目小结

通过本项目的学习，大家对数据库安全的概念有了基本的认识，通过对 Access 数据库的安全配置与 SQL Server 数据库的备份，可提高数据库安全。掌握数据库安全配置方法，可有效防止信息泄露。

## 作业

1. 对 SQL Server 数据库进行数据库恢复。
2. 对 Access 2010 部署用户级安全机制。

# 项目 10  无线网络安全

在书房待累了，小军拿着笔记本来到了客厅，奇怪地发现上网速度怎么突然变快了？难道远离了 AP（AP 在书房）上网速度还更快？当然不会，这是由于客厅离隔壁邻居的书房较近，小军无意间访问了邻居的无线网络，而邻居申请的网络速度比小军家的快。我们假设，小军接着访问了邻居的共享磁盘，正好磁盘里有银行卡密码、投标书、个人日记等私密信息，结果会怎么样？

这不是凭空假设，而是事实。由于 IEEE 802.11 规范的安全协议考虑不周的原因，无线网络存在安全漏洞，这就给了攻击者进行中间人攻击、拒绝服务（DoS）攻击、封包破解等攻击的机会。而鉴于无线网络自身特性，攻击者不费吹灰之力就可以找到一个网络接口，在企业的建筑旁边接入客户网络，肆意盗取企业机密或进行破坏。另外，企业员工对无线设备不负责任地滥用也会造成安全隐患，比如不负责任假设开放无线接入点（Access Point，AP），随意打开无线网卡的自适应（Ad hoc）模式，或者误上别人假冒的合法 AP 等，都会导致信息泄露。

## 理论认知篇　无线网络安全技术和防范措施

 **知识目标**

- 掌握常见无线网络安全技术概念
- 了解无线局域网安全防范措施

### 1. 常见无线网络安全技术

无线局域网（Wireless Local Area Network，WLAN）采用电磁波作为通信介质，任何人都有条件窃听或干扰信息，因此对越权存取和窃听的行为也更不容易防备。早在 2001 年拉斯维加斯的网络安全会议上，安全专家就指出，无线网络将成为黑客攻击的另一块热土。因此，我们在一开始应用无线网络时，就应该充分考虑其安全性。常见的无线网络安全技术有以下几种。

（1）服务集标识符（SSID）

服务集标识符（Service Set Identifier，SSID），通常称为网络名称，用于识别不同的无线网络。默认情况下，SSID 被 AP 广播出去，客户端只有收到这个 SSID 或者手动设置与 AP 相同的 SSID 才能连接到无线网络。如果禁止广播 SSID，一般的漫游用户在没有 SSID 的情况下是无法连接到网络的。

需要注意的是，如果黑客利用其他手段获取相应参数，仍可接入目标网络，因此，隐藏 SSID 适用于一般 SOHO 环境，作为简单口令的安全方式。

（2）物理地址过滤（MAC）

由于每个无线工作站的网卡都有唯一的物理地址，通过对 AP 的设置，将指定的无线网卡的物理地址（MAC 地址）输入到 AP 中。而 AP 对收到的每个数据包都会做出判断，只有符合设定标准的才能被转发，否则将会被丢弃。这个方案要求 AP 中的 MAC 地址列表必须随时更新，可扩展性差；而且 MAC 地址在理论上可以伪造，因此这也是较低级别的授权认证。物理地址过滤属于硬件认证，而不是用户认证。这种方式要求 AP 中的 MAC 地址列表必须随时更新，目前都是手工操作。如果用户增加，则扩展能力很差，不能支持大量的移动客户端；如果黑客盗取合法的 MAC 地址信息，仍可以通过各种方法使用假冒的 MAC 地址接入网络，因此只适合于小型网络。

（3）有线等效保密（WEP）

有线等效保密（Wired Equivalent Privacy，WEP）采用 64 位或 128 位加密密钥的 RC4 加

密算法，保证传输数据不会以明文方式被截获。所有经过 Wi-Fi 认证的设备都支持该安全协议。

该方法需要在每套移动设备和 AP 上配置密码，部署比较麻烦。使用静态非交换式密钥，安全性也受到了业界的质疑，但是它仍然可以阻挡一般的数据截获攻击，一般用于 SO-HO、中小型企业的安全加密。

（4）Wi-Fi 保护接入（WPA）

Wi-Fi 保护接入（Wi-Fi Protected Access，WPA）是继承了 WEP 基本原理而又解决了 WEP 缺点的一种新技术。由于加强了生成加密密钥的算法，因此即便收集到分组信息并对其进行解析，也几乎无法计算出通用密钥。WPA 是下一代无线网络规范 IEEE 802.11i 之前的过渡方案，也是该标准内的一小部分。WPA 率先使用 IEEE 802.11i 中的加密技术临时密钥完整性协议（Temporal Key Integrity Protocol，TKIP），这项技术可大幅解决 IEEE 802.11 原先使用 WEP 所隐藏的安全问题。

很多客户端和 AP 并不支持 WPA 协议，而且 TKIP 加密仍不能满足高端企业和政府的加密需求，该方法多用于企业无线网络部署。

WPA2 与 WPA 后向兼容，支持更高级的 AES 加密，能够更好地解决无线网络的安全问题。由于部分 AP 和大多数移动客户端不支持此协议，尽管微软已经提供最新的 WPA2 补丁，但是仍需要对客户端逐一部署。该方法适用于企业、政府及 SOHO 用户。

（5）无线局域网鉴别与保密基础结构（WAPI）

无线局域网鉴别与保密基础结构（WLAN Authentication and Privacy Infrastructure，WAPI）是我国无线局域网安全强制性标准，其主要特点是采用基于公钥密码体系的证书机制，真正实现了移动终端（MT）与无线接入点（AP）间双向鉴别。用户只要安装一张证书就可在覆盖 WLAN 的不同地区漫游，方便用户使用。与现有计费技术兼容的服务，可实现按时计费、按流量计费、包月等多种计费方式。AP 设置好证书后，无须再对后台的 AAA 服务器进行设置，安装、组网便捷，易于扩展，可满足家庭、企业、运营商等多种应用模式。

（6）端口访问控制技术（IEEE 802.1x）

IEEE 802.1x 协议用于以太网和无线局域网中的端口访问与控制。该技术也是用于无线局域网的一种增强的网络安全解决方案。IEEE 802.1x 引入了 PPP 协议定义的可扩展的身份验证协议（EAP）。EAP 可以采用 MD5、一次性口令、智能卡、公共密钥等多种身份验证机制，从而提供更高级别的安全。在用户身份验证方面，IEEE 802.1x 的客户端身份验证请求也可以由外部的 Radius 服务器进行验证。该验证属于过渡期方法，且各厂商实现方法各有不同，直接造成兼容问题。该方法的部署需要专业知识和 Radius 服务器的支持，费用偏高，一般用于企业无线网络布局。

### 2. 无线局域网安全防范措施

① 采用端口访问技术（IEEE 802.1x）进行控制，防止非授权的接入和访问。

② 采用 128 位 WEP 加密技术，并不使用厂商自带的 WEP 密钥。

③ 对于密度等级高的网络采用 VPN 进行连接。

④ 对 AP 和网卡设置复杂的 SSID，并根据是否需要漫游来确定是否需要 MAC 绑定。

⑤ 禁止 AP 向外广播其 SSID。

⑥ 修改默认的 AP 密码。例如，Intel 的 AP 的默认密码是"Intel"，建议修改。

⑦ 部署 AP 的时候要在公司办公区域以外进行检查，防止 AP 的覆盖范围超出办公区域（难度比较大），同时要让保安人员在公司附近进行巡查，防止外部人员在公司附近接入网络。

⑧ 禁止员工私自安装 AP。这些 AP 很容易成为非法入侵的通道。

⑨ 如果网卡支持修改属性需要密码功能，要开启该功能，防止网卡属性被修改。

⑩ 配置设备检查非法进入公司的 2.4 GHz 电磁波发生器，防止被干扰和 DoS 攻击。

⑪ 制定无线网络管理规定，规定员工不得把网络设置信息告诉公司外部人员，禁止设置 P2P 的 Ad hoc 网络结构。

⑫ 跟踪无线网络技术，特别是安全技术（如 IEEE 802.11i 对密钥管理进行了规定），对网络管理人员进行知识培训。

# 项目实践篇　无线网络安全配置

**技能目标**

- 掌握 SSID 的配置
- 熟练掌握 WEP 加密应用

## 任务 10.1　SSID 的配置

▷▷ 任务分析：

本任务对 AP 的 SSID 进行设置。

▷▷ 任务实施：

下面以 TP-LINK 公司的无线宽带路由器 TL-WR340G 为例介绍无线网络 SSID 的配置方法。

① 打开 IE 浏览器，在地址栏里输入地址"http://192.168.1.1/"（IP 地址以设备背面标识为准），打开登录界面，如图 10-1 所示。

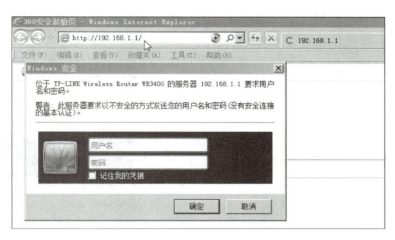

图 10-1　打开路由器登录界面

② 如图 10-2 所示，输入默认管理员用户名"admin"和密码"admin"，单击"确定"按钮。

③ 如图 10-3 所示，在打开的路由器管理界面中，单击左侧菜单中"无线参数"→"基本设置"选项，在"SSID 号"文本框中输入"TP-LINK_1234"，如图 10-4 所示。

图 10-2　登录

图 10-3　路由器管理界面

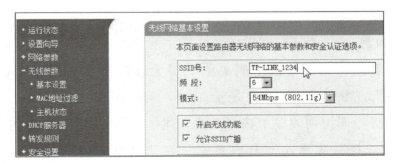

图 10-4　无线网络基本设置

④ 打开 Windows 的 "网络和共享中心" 中的无线网络连接，即可看到刚设置的无线网络连接 "TP-LINK_1234"，如图 10-5 所示。

⑤ 单击 "TP-LINK_1234"，勾选 "自动连接" 选项，单击 "连接" 按钮，如图 10-6 所示，即可连接上无线路由器。

图 10-5　检测区域内的无线网络

图 10-6　连接 TP-LINK_1234

SSID 是用户给自己无线网络取的名字。同一路由器厂商都会把自己的产品采用同一个 SSID 名字，因此，建议用户最好能够将 SSID 命名为较有个性的名字。

无线路由器默认配置都是 "允许 SSID 广播"，这样路由器附近别的用户就可以通过 SSID 名称搜索到你的无线网络。最好 "禁止 SSID 广播"，以提高无线网络的安全性。

## 任务 10.2　WEP 加密应用

▷▷任务分析：

本任务将介绍在无线路由器上如何应用 WEP 加密技术。

▷▷任务实施：

下面以 TP-LINK 公司的无线宽带路由器 TL-WR340G 和无线网卡 TL-WN620G 为例介绍无线网络的 WEP 加密方法。

### 1. 启用 WEP 加密

① 打开路由器管理界面，单击左侧菜单中 "无线设置" → "基本设置" 选项，弹出 "无线网络基本设置" 界面，如图 10-7 所示。

② 在 "安全类型" 下拉列表框中选择 WEP；在 "安全选项" 下拉列表框中选择 "自动选择"，因为 "自动选择" 表示在 "开放系统" 和 "共享密钥" 之中自动协商一种，而这两种身份验证方法的安全性没有什么区别。

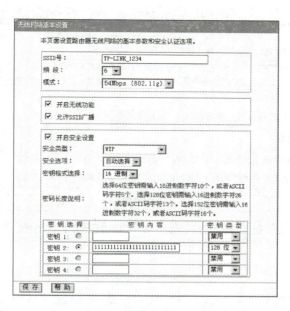

图 10-7　"无线网络基本设置"界面

③ 在"密钥格式选择"下拉列表框中选择"16 进制"，可选项还有"ASCII 码"，这里的设置对安全性没有任何影响，因为设置单独密钥的时候需要采用十六进制，所以这里推荐选择"16 进制"选项。

④ 在"密钥选择"选项组中必须选择"密钥 2"，因为新的升级程序下，密钥 1 必须为空，目的是配合单独密钥的使用（单独密钥会在下面的 MAC 地址过滤中介绍），不这样设置的话可能会连接不上。密钥类型可选择 64 位、128 位或 152 位，选择了不同的位数时密钥类型以后密钥内容的长度会有所不同，本例中我们输入了 26 位参数"11111111111111111111111111"。因为"密钥格式选择"为"16 进制"，所以"密钥内容"文本框中可以输入字符是 0、1、2、3、4、5、6、7、8、9、a、b、c、d、e、f，设置完后记得保存。

⑤ 单击"无线设置"→"MAC 地址过滤"选项，在"无线网络 MAC 地址过滤设置"界面中（如图 10-8 所示）单击"添加新条目"按钮，输入如图 10-9 所示各选项。

"MAC 地址"文本框中输入的是本例中 TL-WN620G 路由器的 MAC 地址 00-8A-EB-A3-2C-E5；在"类型"下拉列表框中可以选择"允许""禁止""64 位密钥""128 位密钥"或"152 位密钥"，本例中选择了"64 位密钥"。"允许"和"禁止"只是简单允许或禁止某一个 MAC 地址通过，这和之前的 MAC 地址绑定功能是一样的。

在"密钥"文本框中输入 10 位密钥"AAAAAAAAAA"，这里没有密钥格式选择，只支持十六进制的字符。在"状态"下拉列表框中选择"生效"。

⑥ 单击"保存"按钮即可，保存后返回上一级界面，结果如图 10-10 所示。

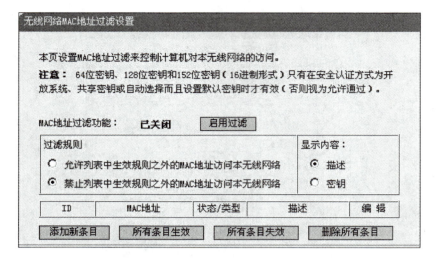

图 10-8　无线网络 MAC 地址过滤设置

图 10-9　设置 MAC 地址过滤

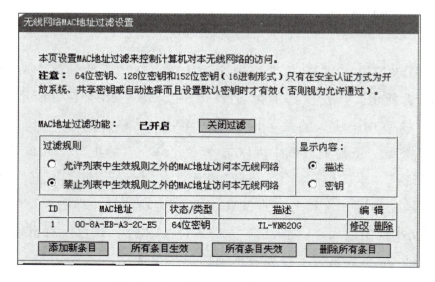

图 10-10　开启 MAC 地址过滤功能

从图 10-9 所示的界面可以看到，"MAC 地址过滤功能"的状态为"已开启"；如果是"已关闭"，右边的"关闭过滤"按钮会变成"开启过滤"，单击这个按钮可开启这一功能。至此，无线路由器的配置已经完成！

顺便说一下，怎样获取网卡的 MAC 地址呢？在计算机上，在命令提示符界面运行 ipconfig/all 命令会显示如图 10-11 所示的信息，其中 Physical Address 行显示的就是网卡的 MAC 地址。

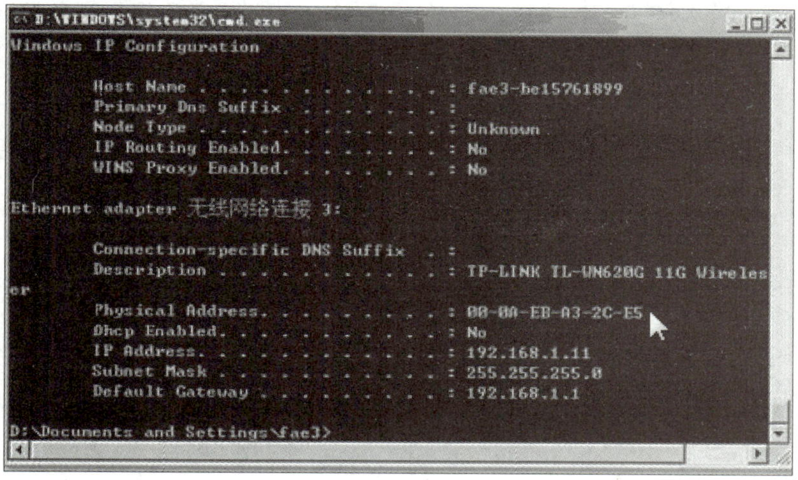

图 10-11　查看 MAC 地址

### 2. TL-WN620G 网卡的配置

① 打开 TL-WN620G 客户端应用程序主界面，单击"用户文件管理"→"修改"选项，会弹出"配置文件管理"对话框。在"常规"选项卡中填入和无线路由器端相同的 SSID，本例为"TP-LINK_1234"，如图 10-12 所示。

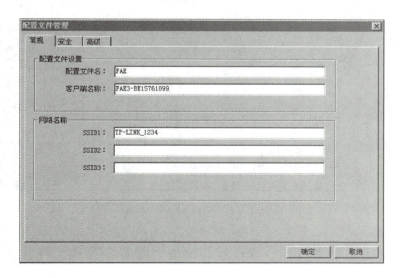

图 10-12　填写无线网络 SSID 号

②单击"高级"选项卡，在"802.11 验证模式"选项组中选择"自动"单选按钮。由于在路由器上选择了"自动选择"模式，所以这里无论选择什么模式都是可以连接的。

如果这个选项是灰色，就请先配置"安全"选项卡的参数，然后再配置此选项，如图 10-13 所示。

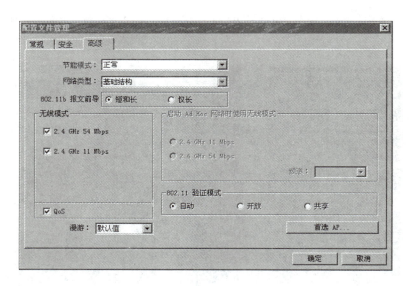

图 10-13　配置无线网络认证模式

③单击"安全"选项卡，如图 10-14 所示。

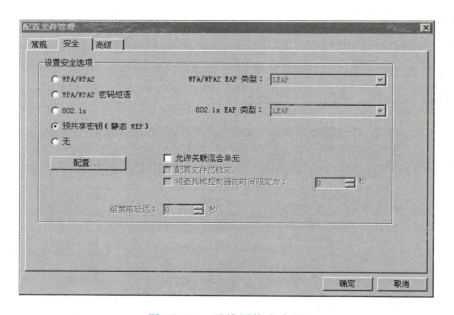

图 10-14　无线网络安全页

选择"预共享密钥（静态 WEP）"；然后单击"配置"按钮，打开"设置预共享密钥"对话框，如图 10-15 所示。

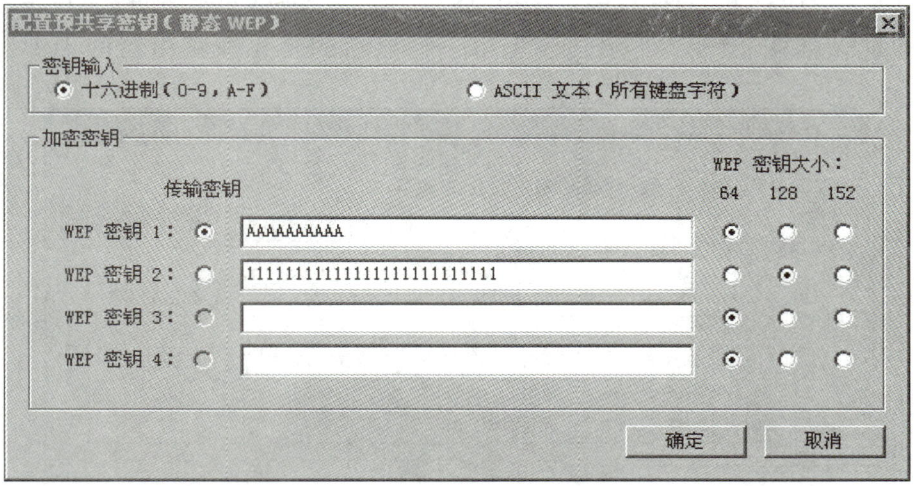

图 10-15 设置预共享密钥

- "密钥格式"必须选择"十六进制（0-9、A-F）"。
- 需要输入两个密钥，密钥1对应的是路由器"无线配置"→"MAC地址过滤"页面下设置的单独密钥，本例为64位长度的密钥"AAAAAAAAAA"；密钥2对应的是路由器"无线配置"→"基本设置"页面中设置的公共密钥，本例为128位长度的密钥"11111111111111111111111111"。
- 最后要选中"WEP密钥1"单选按钮。
- 单独密钥和公共密钥的位置是不能更改的。

④ 配置完成，连续单击两次"确定"按钮回到客户端应用程序主界面，可以看到网卡和无线路由器已经建立了连接，如图10-16所示。

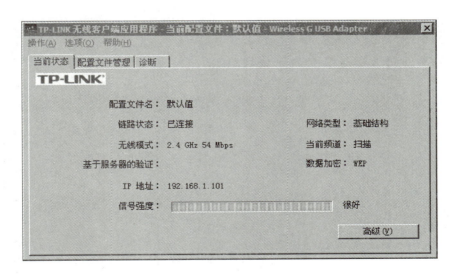

图 10-16 无线终端连接

这时候单击路由器设置界面上的"无线设置"→"主机状态"选项，可以看到已连接的网卡 MAC 地址，如图 10-17 所示。表里第一行显示的是无线路由器的 MAC 地址。

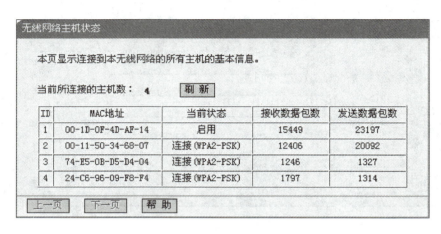

图 10-17　查看无线主机连接状况

仅仅对无线网络设置个性化的 SSID 名称还不够，还必须对无线网络进行加密。可以采用无线网络 MAC 地址过滤的方式设置指定的计算机可以访问无线网络。

 **项目小结**

通过本项目的学习，大家对无线网络安全的概念有了一定的认识；通过对无线网络 SSID 的配置以及 WEP 加密应用，可增强无线网络的安全性；掌握了无线网络安全防范措施，可彻底解决无线安全的问题。

 **作业**

1. 如何设置无线网络防火墙？
2. 如何用共享密钥来部署安全的无线网络？

# 项目 11　电子商务安全

　　用户通过支付宝支付时选择任一家银行卡支付通道后立即进入银行网关，银行卡资料全部在银行网关加密页面上填写，无论是支付平台还是网站都无法看到或了解任何银行卡资料，更不会被黑客通过技术手段盗取。用户输入卡资料提交过程全部采用国际通用的 SSL 或 SET 及数字证书进行加密传输，安全性由银行全面提供支持和保护，各银行网上支付系统完全可以确保网上支付的安全。银行和支付宝以及商家之间是通过数字签名和加密验证传送信息的，提供层层安全保护，你不用担心卡片信息外泄。

　　在电子商务交易中，银行卡的应用类似于实际交易过程。只是用户在自己的计算机上选好商品后，输入银行卡的号码登录到发卡银行，并输入密码和在线商店的账号，就完成了整个支付过程。

## 理论认知篇　电子商务安全相关知识

 **知识目标**

- 了解电子商务的安全需求
- 掌握电子商务的安全体系角色构成
- 了解安全电子交易及认证技术

### 1. 电子商务的安全需求

随着电子商务在全球范围内的迅猛发展，电子商务中的网络安全问题日渐突出。中国互联网网络信息中心（CNNIC）发布的"中国互联网络发展状况统计报告"指出，在电子商务方面，一半以上的用户最关心的是交易是否安全可靠。由此可见，电子商务中的网络安全问题是实现电子商务的关键。

（1）电子商务的安全威胁

从技术上来讲，电子商务系统主要面临着以下几种安全威胁：信息的截获和窃取、信息的篡改、信息的假冒、交易抵赖等。

（2）电子商务的安全要素

机密性、完整性、不可抵赖性、鉴别性、有效性。

### 2. 电子商务的安全体系角色构成

电子商务系统把服务商、客户和银行三方通过 Internet 连接起来，实现具体的业务操作，电子商务安全系统除了三方的安全代理服务器外，还应该包含 CA 认证系统，它们遵循相同的协议，协调工作，以实现整个电子商务交易数据的完全、完整、身份验证和不可抵赖等功能。电子商务的安全体系结构包括下列几个角色。

（1）银行

银行方面主要包括银行端安全代理、数据库管理系统、审核信息管理系统、业务系统等部分，它与服务商或客户进行通信，实现对服务商或客户账户合法性的验证，以保证交易的安全。

（2）服务商

服务商主要包括服务商安全代理、数据库管理系统、审核信息管理系统、Web 服务器系统等部分。在进行电子商务活动时，服务商的服务器与客户和银行进行通信。

（3）客户

客户，即电子商务的用户，通过自己的计算机与 Internet 相连，在客户计算机中，除了 WWW 浏览器软件外，还装有电子商务系统的客户安全代理软件。客户端安全代理的主要任务是负责对客户敏感信息（如交易信息）进行加密、解密和数字签名，以密文的形式与服务商或银行进行通信，并通过 CA 和服务端安全代理或银行安全代理一起实现用户身份验证。

（4）认证机构

认证机构是为用户签发证书的机构。认证机构的服务器由五部分组成：用户注册机构、证书管理机构、存放有效证书和作废证书的数据库、密钥恢复中心以及认证机构自身密钥和证书管理中心。

### 3. 安全电子交易（SET）

在电子交易过程中，为了保证交易的安全性，需要采用数据的加密和身份验证技术，以便使商家和客户的机密信息都得到可靠的传输，并且双方都能互相验证身份，防止欺诈行为。

（1）SET 概述

安全电子交易（SET）协议，是由 VISA 和 MasterCard 两大信用卡公司于 1997 年 5 月联合推出的规范。SET 主要是为了解决用户、商家和银行之间通过信用卡交易而设计的，以保证支付信息的机密、支付过程的完整、商户及卡用户的合法身份以及可操作性。SET 的核心技术主要有公开密钥加密、电子数字签名、电子信封、电子安全证书等。SET 的交易分以下三个阶段进行：第一阶段，在购买请求阶段，用户与商家确定所用支付方式的细节；第二阶段，在支付认定的阶段，商家会与银行核实，随着交易的进展，他们将得到付款；第三阶段，在收款阶段，商家向银行出示所有交易的细节，然后银行以适当方式转移货款。

（2）SET 交易流程

① 买方选择好商品并填写订单后，商家会用数字证书的副本作为给顾客的答复。

② 商家用私钥打开"数字信封"，解密订单、验证"消息摘要"。商家的服务器将 SET 加密的交易信息连同订单副本一齐转发给银行结算卡处理中心。由银行将此交易信息解密并进行处理，验证传输消息的完整性，银行通过验证中心验证商家身份。验证中心验证数字签名是否属于购物者，并检查购物者的信用额度。

③ 银行将此交易信息发到购物者信用卡的发行机构，请求批准划拨款项。

④ 金额从购物者的信用卡账户划给商家账户。

⑤ 商家收到购物者开户银行批准交易的通知。

⑥ 商家将订单确认信息通知购物者，发送商品或完成订购的服务。购物者的终端软件记录交易日志，以备查询。

**4. 认证技术**

（1）认证的功能

采用认证技术可以直接满足身份验证、信息完整性、不可否认等多项网上交易的安全需求，较好地避免了网上交易面临的假冒、篡改、抵赖、伪造等威胁。

（2）认证中心的功能

CA（Certification Authority）是承担网上安全电子交易认证服务、能签发数字证书并能确认用户身份的服务机构，CA 具有权威性和公正性。

CA 的四大职能：证书发放、证书更新、证书撤销、证书验证。

# 项目实践篇　电子商务安全设置

## 技能目标

- 掌握支付宝账户的安全设置
- 熟练掌握银行 USBKey（U 盾）的使用与配置方法

## 任务 11.1　支付宝账户的安全设置

▷▷ **任务分析：**

本任务将通过几个步骤来完成支付宝账户的安全设置。

▷▷ **任务实施：**

**1. 牢记支付宝官方网址，警惕钓鱼网站**

支付宝的官方网址是 https://www.alipay.com/，如图 11-1 所示。不要单击来历不明的链接来访问支付宝。你可以在浏览器中收藏支付宝的网址，以便下次访问方便。

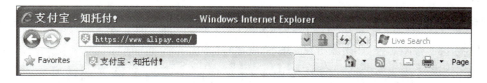

图 11-1　支付宝官方网站

**2. 用邮箱或手机号码注册一个支付宝账号**

你可以用一个常用的电子邮箱或是手机号码来注册一个支付宝账号，如图 11-2 所示。

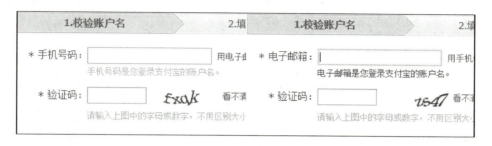

图 11-2　注册支付宝账号

**3. 安装密码安全控件**

首次访问支付宝网站时，会提示你安装安全控件，如图 11-3 所示，以便你的账户密码能得到保护。为什么要安装安全控件？支付宝安全控件保护你的账户安全，对你的密码进行加密，可以有效防止木马程序截取键盘记录。如果你的电脑已经安装了安全控件，下次登录支付宝时不需要再安装控件。安装安全控件后，根据新出现的木马病毒实时更新安全控件，以使它在密码保护方面功能更强大；但是另一方面，也还是需要提高警惕，平时多对电脑杀毒，降低被木马攻击密码的机会。

图 11-3　安装安全控件

**4. 设置高强度的登录密码和支付密码**

支付宝有两个密码，分别是登录密码和支付密码。这两个密码需要分别设置，不能为了方便设置成相同的密码。两个密码最好设置成不一样，这样才更安全。缺一不可的双重密码，使得你即使在不慎泄露某一项密码之后，账户资金安全依然能够获得保护。

登录密码是你在登录支付宝时所需的密码。支付密码是你在用支付宝支付或是修改账户信息时所需输入的密码。在设置密码时，最好混合使用数字和字母，不要使用纯数字或纯字母。这样可以大大增强密码的安全性，不要把登录密码和支付密码设置成和淘宝登录密码一样，或是用邮箱名，这样很容易被别人猜到。要定期更改登录密码和支付密码，如图 11-4、图 11-5 所示。

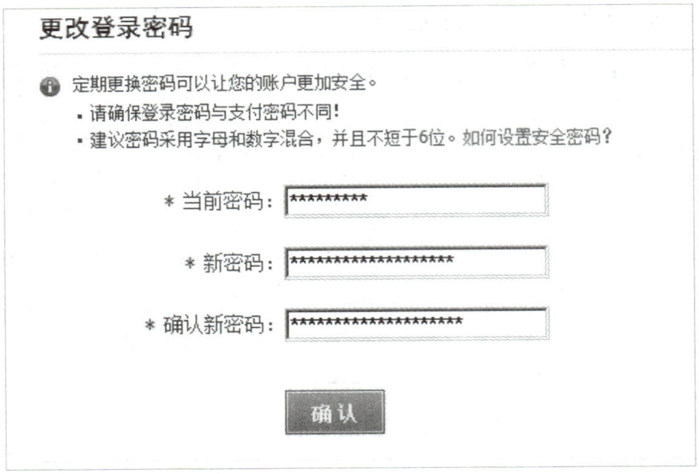

图 11-4　更改登录密码

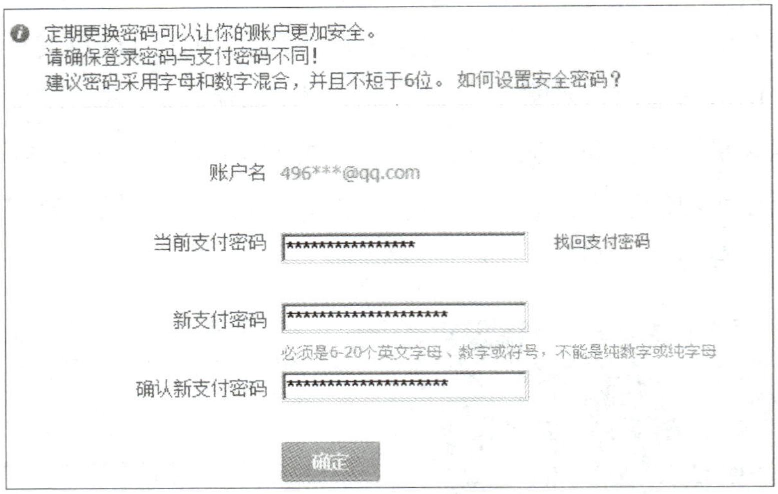

图 11-5　更改支付密码

### 5. 管理账户，提升安全性

① 开通短信校验服务，它是支付宝提供的增值服务，会员申请短信校验服务后，修改支付宝账户关键信息或交易时，如超过预设额度，将需要增加手机短信校验这一步骤，以提高会员支付宝账户及交易的安全性，如图 11-6 所示。

② 安装数字证书，可以使你的每一笔账户资金支出得到保障。同时也可作为淘宝二次验证工具，保障你的淘宝账户安全，如图 11-7 所示。

### 6. 定期给电脑杀毒

使用 360 安全卫士等安全软件（如图 11-8 所示），及时更新操作系统补丁，升级新版浏览器，安装反病毒软件和防火墙并经常更新；避免在网吧等公共场所使用网上银行；不要打开来历不明的电子邮件等；遇到问题可使用支付宝助手进行浏览器修复。

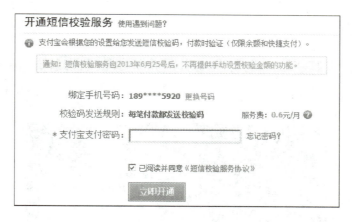

图 11-6　短信校验服务

图 11-7　安装数字证书

图 11-8　电脑体检

　　支付宝是全球领先的独立第三方支付平台，致力于为广大用户提供安全快速的电子支付、网上支付、安全支付、手机支付体验，以及转账收款、水电煤气缴费、信用卡还款、AA 收款等生活服务。若用计算机从事电子商务交易，则对计算机的环境提出了更高的安全需求。

## 任务 11.2　网银 USBKey 的使用与配置

▷▷ 任务分析：

　　本任务将通过徽商银行的 USBKey 来了解网上银行 USBKey 的使用与配置方法。

▷▷任务实施：

**1. 安装驱动程序**

① 插上 USBKey，电脑将显示进度条或右下角提示正在安装，如图 11-9 所示。安装成功后电脑右下角会出现徽商银行标志 ⓡ，则说明自动安装成功，如图 11-10 所示。

图 11-9　自动安装 USBKey

图 11-10　USBKey 安装成功

② 如果未出现 ⓡ，请先打开"我的电脑"，如图 11-11 所示。

图 11-11　打开"我的电脑"

在带徽商银行标志的驱动器上单击鼠标右键，从快捷菜单中选择"打开"，如图 11-12 所示，双击打开 eSafeAR_HSBANK.exe 即可激活自动安装程序。

图 11-12　eSafeAR_HSBANK.exe

### 2. 运行网上银行 USBKey 管理工具

插入 USBKey，单击 Windows 窗口右下方托盘程序中的图标，打开 USBKey 管理工具，如图 11-13 所示。

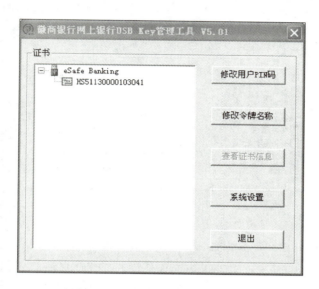

图 11-13　USBKey 管理工具界面

### 3. 使用网上银行 USBKey 管理工具

把 USBKey 插入计算机的 USB 口，网上银行 USBKey 管理工具会自动获取插入的设备和证书信息，并显示到列表中。

① 单击"修改用户 PIN 码"按钮，在弹出的对话框中设置新的密码，如图 11-14 所示（USBKey 的初始 PIN 码为"1234"）。

② 单击"修改令牌名称"按钮，用户可将 USBKey 令牌修改为其他名称，如图 11-15 所示。

图 11-14　修改用户 PIN 码

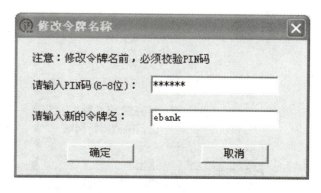

图 11-15　修改令牌名称

③ 网上银行 USBKey 具有存储保护数字证书的功能。用户使用的徽商银行 USBKey 已经预置了数字证书，通过单击"查看证书信息"按钮可查看证书信息，如图 11-16 所示。

图 11-16  查看证书信息

### 4. 登录网银

① 插入 USBKey，在任务栏中的徽商银行图标上单击鼠标右键，如图 11-17 所示，从弹出的快捷菜单中选择"访问徽商银行网站"选项，登录徽商银行网站（或通过在浏览器中输入网址 www.hsbank.cn 登录），如图 11-18 所示。

图 11-17  右键任务栏徽行图标

图 11-18  打开徽商银行网站

单击"网上银行服务"按钮，进入版本选择界面，如图 11-19 所示。

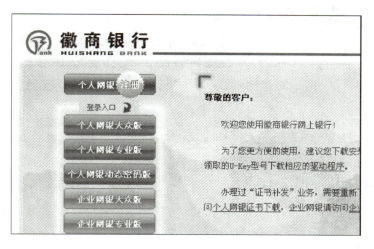

图 11-19　网上银行各版本

② 选择个人网银专业版，在弹出的对话框中选择数字证书，单击"确定"按钮，如图 11-20 所示。

③ 输入修改后的 PIN 密码并登录，网银系统会验证密码是否正确，如图 11-21 所示。

图 11-20　选择数字证书

图 11-21　输入 PIN 码

④ 弹出徽商银行网银登录界面，开始你的网银之旅，如图 11-22 所示。

每个银行都推出了自己的网银服务，用户应根据特定银行的相关说明操作，确保资金账户的安全。

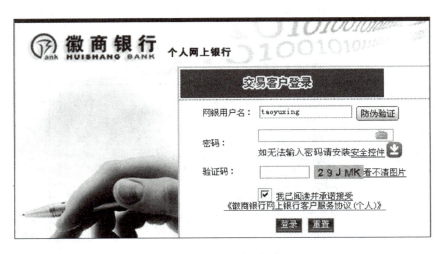

图 11-22　网银登录

## 项目小结

通过本项目的学习，大家对电子商务安全的概念有了一定的认识；通过对支付宝账户的安全设置和银行 USBKey 的使用与配置，掌握了电子商务的安全体系构成。

## 作业

1. 如何对理财通账户进行安全设置？
2. 如何对 IE 浏览器进行安全设置？

# 项目 12　手机网络安全

　　小毛从淘宝网旧货市场购得一部二手智能手机，发现此手机中存储着许多重要的商业机密资料以及原机主的个人私密照片。出售这部手机的人认为，删除数据后就可以了，结果却出乎他的意料，小毛在一次无意复原磁盘操作中把这些重要数据全都复原出来了！

## 理论认知篇　手机的安全隐患与防范

　**知识目标**

- 了解手机的安全隐患
- 了解手机安全防范措施

　　现在，人们的工作和生活离不开智能手机、平板电脑等便携式数码设备。然而，由于这些设备的移动性，对数据的安全性有了更高的要求。对个人来说，移动设备上可能存储了大量的隐私数据；对企业来说，有的设备更涉及企业的关键数据，比如企业高管人员、销售人员和顾问所使用的设备，往往涉及销售经营数据和机密电子邮件等极为敏感的资料。

　　这些智能移动终端设备无时无刻不面临着安全风险，如设备丢失、操作系统漏洞、应用程序漏洞、恶意软件、网络攻击等，而且随着移动设备广泛用于工作和网络交易，安全形势日趋严峻。

### 1. 设备丢失威胁数据安全

　　毫无疑问，移动设备面临的首要威胁是丢失，从而面临经济损失和隐私泄露风险。而对企业来说更加严重，设备成本损失反而是次要的，重要数据的外泄才是更严重的，有些甚至会造成公司经营的风险。虽然有的智能设备有远程数据擦除功能，但这些数据是可以通过技术手段恢复的。比如曾爆出的"苹果手机照片门"，即有可能是维修人员恢复了手机上的照片。

　　移动设备存储量在增加，后果是更多数据处于被盗、丢失或使用不当的风险之下。调研机构 Gartner 公司称，每 53 秒钟就有一台移动终端设备失窃；安全咨询机构波耐蒙研究所（Ponemon Institute）声称，每周在美国机场丢失的移动终端设备多达 12 000 台。虽然移动设备追回偶尔也能奏效，但成功案例实在是凤毛麟角，而且，说不定隐私或者机密数据早已传遍网络了。

### 2. 操作系统和应用程序漏洞

　　PC 操作系统漏洞招致病毒、木马攻击，造成数据丢失和泄露，这样的案例不胜枚举。随着智能手机的流行，手机也面临了同样的风险。Android 手机曾被曝出远程擦除漏洞：当用户单击网页中的恶意链接时，手机将会被直接擦除所有数据恢复到出厂状态。据预测，移动终端造成的安全损害远比 PC 高，以智能手机为目标的新一代移动病毒能够威胁和感染市场上正流行的多种智能手机，那些没有安装移动安全防护的手机便成为攻击者的囊中之物。间谍软件、网络钓鱼软件、域名欺骗软件、零时差浏览器攻击以及僵尸网络等攻击软件正在迅速蔓延。新的跨平台安全威胁还同时影响笔记本电脑、智能手机和平板电脑。

过去，企业 IT 管理员只需对网关、服务器、台式电脑进行安全检测，现在，移动设备也被纳入企业信息安全防护系统。

**3. 无线传输时的数据安全**

移动设备之所以盛行，是由于它的"无线"的使用方式带给人们便利。然而在无线网络中进行数据传输时，又面临数据泄露的风险。比如，移动设备以未加密的方式与热点连接时，数据完全暴露在空中。另外，移动病毒更看中移动无线网络的脆弱性，传播路径的多样化使大范围的传播更成为可能，例如木马隐藏在从无线网络下载的游戏中，或通过蓝牙传播。

**4. 安全防范措施**

随着移动设备应用数量的增多，移动设备类型的多样性在攀升，企业必须考虑如何保护数据。首要问题是如何最有效地保护移动设备（笔记本电脑、智能手机或者平板电脑）上存储的敏感信息。一般来说，保护移动设备数据安全可以采用：对移动设备磁盘和数据加密，对移动设备进行监管和认证许可。

企业必须制定移动设备安全策略，制定合理的预算，并将移动设备安全解决方案在技术上、步骤上和组织结构上作为头等大事来抓，从而降低风险。移动设备安全措施包括：确定策略、保护移动设备上的数据、对设备和用户进行认证、监控策略执行情况并撰写报告。

# 项目实践篇　手机网络安全配置

**技能目标**
- 手机安全卫士配置
- ROOT 权限获取配置

## 任务 12.1　360 手机卫士配置

360 手机卫士是一款完全免费的 Android 平台手机安全软件，具有多种安全功能：防垃垃短信，防骚扰电话，防隐私泄露，对手机进行安全扫描，联网云查杀恶意软件，联网行为实时监控，长途电话 IP 自动拨号，系统清理手机加速，电话归属地显示及查询等。360 手机卫士为你带来便捷实用的功能，全方位的手机安全及隐私保护。

▷▷任务分析：

本任务将在 Android 系统上对 360 手机卫士进行配置。

▷▷任务实施：

下面以三星 I939D 手机为例进行 360 手机卫士配置及使用。

① 在手机主界面上单击 360 手机卫士图标，如图 12-1 所示，打开 360 手机卫士主界面，如图 12-2 所示。

图 12-1　安卓手机主界面

图 12-2　360 手机卫士主界面

② 单击"手机体检"按钮，如图 12-3 所示，检查手机健康状况。如图 12-4 所示，单击"一键修复"按钮，优化手机的运行状态。如图 12-5 所示，手机体检完成。

③ 单击"完成"按钮，返回如图 12-2 所示的 360 手机卫士主界面；单击"手机清理"按钮，打开"手机清理"界面，如图 12-6 所示。

单击"一键清理"按钮，清理过程如图 12-7 所示。如图 12-8 所示，手机清理完成。单击"完成"按钮返回 360 手机卫士主界面。

图 12-3  手机体检

图 12-4  一键修复

图 12-5  手机体检完成

图 12-6  手机清理

图 12-7　正在手机清理

图 12-8　手机清理完成

④ 单击"手机杀毒"按钮，进入如图 12-9 所示的"手机杀毒"界面；单击"快速扫描"按钮，如图 12-10 所示，正在扫描手机。

图 12-9　手机杀毒

图 12-10　正在扫描手机

⑤ 如图 12-11 所示，手机扫描完成。单击"完成"按钮，返回 360 手机卫士主界面。单击"流量监控"按钮，出现如图 12-12 所示的"流量监控"界面。

⑥ 单击下方的"联网防火墙"按钮，打开"联网防火墙"界面，如图 12-13 所示。若平时数据上网时不允许 PPTV 联网，可以关闭 PPTV 的数据上网功能，这样可以节省数据流量（此功能需 ROOT 权限）。

⑦ 单击右上方的"设置"按钮，打开"流量设置"界面，如图 12-14 所示；开启流量监控，可以设置每月流量套餐、流量监控提醒等。

图 12-11　手机扫描完成

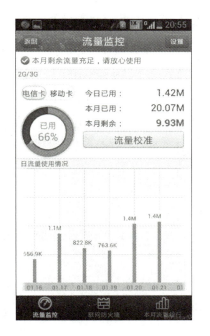

图 12-12　流量监控

图 12-13　联网防火墙

图 12-14　流量设置

几乎每个防毒软件公司都推出了自己的手机杀毒和安全防护软件。在手机越来越普及的时代，针对手机的病毒也层出不穷，手机的安全问题也至关重要。

### 任务 12.2　ROOT 权限的获取与配置

在使用 Android 手机的时候，有时会提示需要获取 ROOT 权限。获取 ROOT 权限之后可以刷机、截图、修改游戏金币等。很多新手机都是合约机，比如手机厂商和移动、联通或电信订立了合约，手机刚到你的手里就内置了很多服务商要求的程序（与服务商利益相关的程序）。服务商在手机中预先内置的程序有的好用，有的是我们不需要的，放着还占空间，但是系统一般不给你删除内置程序的权限，这时候就需要 ROOT 权限了。那么怎么获取 ROOT 权限呢？获取 ROOT 权限的过程比较复杂，还好有专门的软件工具可以使用，如一键 ROOT 软件 z4ROOT。

▷▷任务分析：

本任务将使用 z4ROOT 来获取 Android 系统的 ROOT 权限。

▷▷任务实施：

下面以中兴 ZTE 手机为例来介绍获取 ROOT 权限的方法。

① 如图 12-15 所示，z4ROOT 软件主界面上面有三个选项："获取临时 ROOT 权限""获取永久 ROOT 权限"与"清除 ROOT 文件"，用户可以自行选择。为了安全起见，建议仅在需要时获取 ROOT 权限，因此，在此选择"获取临时 ROOT 权限"。

② 如图 12-16 所示，软件开始运行 exploit 进程，以获取 ROOT 权限。这一步标志着系统权限正在向用户开启。

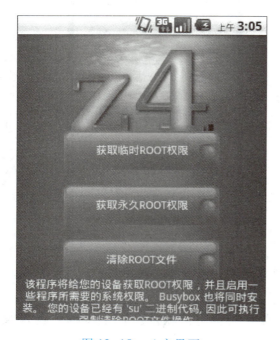

图 12-15　z4 主界面

图 12-16　开始获取 ROOT 权限

③ 如图 12-17 所示，正在获取 ROOT 权限。

④ 已经获取临时 ROOT 权限，需重启手机，如图 12-18 所示。

图 12-17　正在获取 ROOT 权限

图 12-18　已经获取 ROOT 权限

⑤ 手机自动重启，然后在主菜单看见"授权管理"选项，说明你已经获得手机系统的最高权限了，如图 12-19 所示。

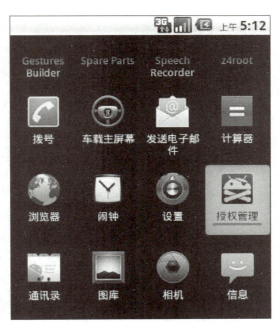

图 12-19　授权管理

　　单击"授权管理"图标，就可以进行相关软件操作。当然最好是验证一下，比如卸载一个原先不能卸载的软件，如果能够卸载，说明用户成功获取 ROOT 权限了！

　　用户在获得 ROOT 权限后，卸除软件时要特别慎重，不当的操作可能会影响系统的正常运行，请在专业人士指导下操作。

## 项目小结

　　通过本项目的学习，大家对手机网络安全的概念有了基本的认识；通过对 360 手机卫士及 ROOT 权限获取配置，了解了手机的安全隐患以及各种防范措施。

## 作业

1. 用 360 一键大师对 Android 系统进行 ROOT。
2. 安装支付宝钱包并进行安全配置。

## 郑重声明

高等教育出版社依法对本书享有专有出版权。任何未经许可的复制、销售行为均违反《中华人民共和国著作权法》，其行为人将承担相应的民事责任和行政责任；构成犯罪的，将被依法追究刑事责任。为了维护市场秩序，保护读者的合法权益，避免读者误用盗版书造成不良后果，我社将配合行政执法部门和司法机关对违法犯罪的单位和个人进行严厉打击。社会各界人士如发现上述侵权行为，希望及时举报，我社将奖励举报有功人员。

反盗版举报电话　（010）58581999　58582371

反盗版举报邮箱　dd@hep.com.cn

通信地址　北京市西城区德外大街4号　高等教育出版社法律事务部

邮政编码　100120

### 读者意见反馈

为收集对教材的意见建议，进一步完善教材编写并做好服务工作，读者可将对本教材的意见建议通过如下渠道反馈至我社。

咨询电话　400-810-0598

反馈邮箱　zz_dzyj@pub.hep.cn

通信地址　北京市朝阳区惠新东街4号富盛大厦1座

　　　　　高等教育出版社总编辑办公室

邮政编码　100029

### 防伪查询说明

用户购书后刮开封底防伪涂层，使用手机微信等软件扫描二维码，会跳转至防伪查询网页，获得所购图书详细信息。

防伪客服电话

（010）58582300

### 学习卡账号使用说明

一、注册/登录

访问http://abook.hep.com.cn/sve，点击"注册"，在注册页面输入用户名、密码及常用的邮箱进行注册。已注册的用户直接输入用户名和密码登录即可进入"我的课程"页面。

二、课程绑定

点击"我的课程"页面右上方"绑定课程"，在"明码"框中正确输入教材封底防伪标签上的20位数字，点击"确定"完成课程绑定。

三、访问课程

在"正在学习"列表中选择已绑定的课程，点击"进入课程"即可浏览或下载与本书配套的课程资源。刚绑定的课程请在"申请学习"列表中选择相应课程并点击"进入课程"。

如有账号问题，请发邮件至：4a_admin_zz@pub.hep.cn。